中野慎也 著

データ同化

統計学 One Point 26

共立出版

「統計学 One Point」編集委員会

鎌倉稔成	（中央大学研究開発機構，委員長）
江口真透	（統計数理研究所）
大草孝介	（中央大学理工学部）
酒折文武	（中央大学理工学部）
瀬尾　隆	（東京理科大学理学部）
椿　広計	（統計数理研究所）
西井龍映	（中央大学研究開発機構）
松田安昌	（東北大学大学院経済学研究科）
森　裕一	（岡山理科大学経営学部）
宿久　洋	（同志社大学文化情報学部）
渡辺美智子	（立正大学データサイエンス学部）

「統計学 One Point」刊行にあたって

　まず述べねばならないのは，著名な先人たちが編纂された共立出版の『数学ワンポイント双書』が本シリーズのベースにあり，編集委員の多くがこの書物のお世話になった世代ということである．この『数学ワンポイント双書』は数学を理解する上で，学生が理解困難と思われる急所を理解するために編纂された秀作本である．

　現在，統計学は，経済学，数学，工学，医学，薬学，生物学，心理学，商学など，幅広い分野で活用されており，その基本となる考え方・方法論が様々な分野に散逸する結果となっている．統計学は，それぞれの分野で必要に応じて発展すればよいという考え方もある．しかしながら統計を専門とする学科が分散している状況の我が国においては，統計学の個々の要素を構成する考え方や手法を，網羅的に取り上げる本シリーズは，統計学の発展に大きく寄与できると確信するものである．さらに今日，ビッグデータや生産の効率化，人工知能，IoT など，統計学をそれらの分析ツールとして活用すべしという要求が高まっており，時代の要請も機が熟したと考えられる．

　本シリーズでは，難解な部分を解説することも考えているが，主として個々の手法を紹介し，大学で統計学を履修している学生の副読本，あるいは大学院生の専門家への橋渡し，また統計学に興味を持っている研究者・技術者の統計的手法の習得を目標として，様々な用途に活用していただくことを期待している．

　本シリーズを進めるにあたり，それぞれの分野において第一線で研究されている経験豊かな先生方に執筆をお願いした．素晴らしい原稿を執筆していただいた著者に感謝申し上げたい．また各巻のテーマの検討，著者への執筆依頼，原稿の閲読を担っていただいた編集委員の方々のご努力に感謝の意を表するものである．

編集委員会を代表して　鎌倉稔成

まえがき

　データ同化は，もともと天気予報をはじめとする気象予測を行うために
発展してきた考え方である．気象システムは，物理法則に従って時間発展
する．物理法則は偏微分方程式の形で書けるので，それを使えば気象の変
化を計算——すなわちシミュレーション——することができる．現代の気
象予測では，偏微分方程式を数値的に解く数値シミュレーションが必須の
道具となっている．

　ただし，実際に明日の天気を精度よく予測するためには，物理法則が分
かっているというだけでは不十分である．偏微分方程式を解いて得られる
のは，ある時点 t_0 での大気の状態 x_0 を与えたときに，その後どのよう
に時間発展するかということであり，x_0 が精度よく決まっていないと予
測はうまくいかない．明日の天気を予測するには，今日の大気の状態をき
ちんと把握する必要がある．

　ここで問題となるのは，いかにして「ある時点 t_0 での大気の状態 x_0」
を知るかということである．そこで考えられるのは，各地の気象観測点で
得られる観測データを用いて，大気の状態 x_0 を推定するということであ
る．しかし，シミュレーションで扱う領域全体の大気の状態を観測データ
から推定するのは容易な作業ではない．

　その第一の理由としては，観測データの情報の不足が挙げられる．気象
観測では，観測データが空間的に均一に得られているわけではなく，観測
点がほとんど存在しない区域もある．観測所が陸上にしか設置できないた
め，海上で得られる観測データは特に制限される．また，地表付近の情報
を得るのは容易だが上空の情報を得るのは難しいといったような問題もあ
る．最近では，衛星観測の充実により，こうした問題は緩和されてきてい
るが，それでも観測からそのまま気象システム全体が分かるというもので
はない．

また第二の理由として，データに含まれる誤差・ノイズの問題がある．仮にシミュレーションで扱う領域全体を観測できたとしても，データには誤差が含まれているため，それだけでは正確な大気の状態が得られない．気象システムの振る舞いを決めている物理法則は非線型で少しの誤差が予測に大きく影響するため，今日の大気の状態を精度よく把握できていないと，数日後の予測が大きく狂ってしまう可能性がある．

　そこで実際の気象予測では，シミュレーションに使われる物理モデルそのものを，大気の状態の推定に活用するということが行われている．物理モデルには，大気の時間発展を記述する物理法則に関する様々な知見に基づいているため，物理モデルに基づいた制約条件を課すことにより，直接観測できない場所などについても，ある程度信頼できる推定ができる可能性がある．また，ある特定の時刻のデータだけでなく，異なる時刻の様々なデータを物理的に整合する形で推定に反映させることができ，データに含まれる誤差の影響などを抑えることもできる．このように，観測データから得られた情報とシミュレーションに使うモデルとを組み合わせて，システムの状態や時間発展を推定する手続きを「データ同化」と呼んでいる．

　「データ同化」という用語は data assimilation の訳語である．辞書を見ると，英語の "assimilate" という言葉には，外部からの移民をコミュニティに融合させるといった意味や，食べ物を吸収，消化するといった意味があるようなので，データ同化という呼び名も，シミュレーションにデータの情報を吸収させてシミュレーションの性能を改善し，それによって現象の再現・予測を行うといったイメージから来ているではないかと思われる．一方，先に述べたように，データ同化には，シミュレーションに使われるモデルを活用して観測データの不完全な部分を補うという側面もある．このように，シミュレーションとデータを相補的に結び付けながら推定を行うのがデータ同化であるといえる．

　データ同化は，気象予測の手法として発展してきた考え方ではあるが，予測を行うだけでなく，過去に起きた現象を再現するという目的にも有用である．また，適用対象についても，気象分野のみならず広く様々な研究

分野への適用が考えられる．実際，海洋の変動，河川の変動などの自然現象の再現や予測にはすでに多くの活用実績がある．最近では，工学分野などにおいてもシミュレーションの精度を高めるためにデータ同化の活用が検討されるようになり始めている．

　本書は，データ同化で用いられる代表的な方法について基礎から解説したものである．対象としては，大学学部1, 2年生程度の線型代数学，微分積分学，確率，統計の知識を習得済みの方を想定している．まず，第1章ではデータ同化の基本的な問題設定を説明する．第2章で確率分布などの本書の理解に必要な数学的事項を説明し，第3章でデータ同化手法の基礎となる最小二乗法とベイズ推定の話をする．第4章から第6章までは，逐次データ同化と呼ばれるアプローチに属する手法として，カルマンフィルタ，アンサンブルカルマンフィルタ，アンサンブル変換カルマンフィルタをそれぞれ紹介する．近年では，粒子フィルタに基づく逐次データの方法論も盛んに研究されているが，粒子フィルタについては，データ同化への応用という観点ではまだ発展途上のところがあるため，本書では触れなかった．第7章と第8章では，4次元変分法に属する手法として，アジョイント法，アンサンブル変分法を紹介する．第4-6章と第7, 8章はほぼ独立しているので，逐次データ同化よりも，4次元変分法に興味のある読者は，第3章から第7章に飛んでいただいても，理解に大きな支障はないと思う．

　なお，本文中にデータ同化手法の適用事例を例題のような形でいくつか載せているが，本書で示した事例に関しては，計算を再現するためのPythonプログラムも

https://www.kyoritsu-pub.co.jp/book/b10086310.html

で配布しているので，参考にしたい方は利用していただきたい．ただ，他人の書いたプログラムは得てして読みづらいこともあるので，自分でプログラムを組んで計算を再現していただいてもよいと思う．本書では，各自で計算を再現できるような単純な事例を選んでおり，また，あまり数値計算の知識がなくても計算を再現できるように，利用した数値積分のアルゴ

リズムについても簡単な説明を与えている.

　本書の原稿は，ここ数年，京都大学で行っている集中講義の講義資料を加筆，整理したものである．上述の Python プログラムについては，京都大学での講義の際の演習課題，および青森県むつ市で毎年開催されている「データ同化夏の学校」の演習課題の題材として準備したものがもとになっている．原稿をまとめるにあたっては，編集委員の先生方のほか，統計数理研究所の上野玄太先生，気象研究所の藤井陽介先生に草稿に目を通していただき，貴重なコメントを頂戴した．本書執筆の機会を与えてくださった，編集委員の先生方，明治大学の中村和幸先生，およびなかなか筆が進まない中，原稿を待ってくださった共立出版の担当諸氏に深く感謝申し上げたい.

目　　次

第 1 章　データ同化の枠組み　*1*

1.1　システムモデル ……………………………………………………… *1*

1.2　観測モデル …………………………………………………………… *5*

1.3　やや具体的な例 ……………………………………………………… *7*

1.4　主なデータ同化手法 ………………………………………………… *8*

第 2 章　確率分布についての基本的事項　*10*

2.1　平均と分散共分散行列 ……………………………………………… *10*

2.2　確率密度関数の変数変換 …………………………………………… *12*

2.3　正規分布 ……………………………………………………………… *13*

2.4　正規分布の性質 ……………………………………………………… *17*

第 3 章　最小二乗法とベイズ推定　*20*

3.1　最小二乗法 …………………………………………………………… *20*

3.2　罰則付き最小二乗法 ………………………………………………… *22*

3.3　ベイズ推定による方法 ……………………………………………… *24*

　　3.3.1　ベイズの定理に基づく定式化 ………………………………… *24*

　　3.3.2　事後分布の計算 ………………………………………………… *28*

　　3.3.3　1 変数の場合 …………………………………………………… *31*

　　3.3.4　関数の形状の推定 ……………………………………………… *32*

3.4　事前分布などの設定 ………………………………………………… *34*

3.5　$\mathbf{P}_b$ が非正則な場合 …………………………………………………… *36*

第 4 章　逐次データ同化とカルマンフィルタ　*39*

4.1　逐次データ同化の考え方 …………………………………………… *39*

4.2　カルマンフィルタ ……………………………………………………… *42*

4.3　カルマンフィルタの適用例 ………………………………………… *45*

4.4　パラメータの設定 …………………………………………………… *50*

4.5　周辺尤度 ……………………………………………………………… *52*

4.6　拡張カルマンフィルタ ……………………………………………… *55*

4.7　拡張カルマンフィルタの実装方法 ………………………………… *57*

第5章　アンサンブルカルマンフィルタ　　　　　　　　　　*61*

5.1　モンテカルロ近似 …………………………………………………… *61*

5.2　モンテカルロ近似による予測 ……………………………………… *63*

5.3　アンサンブルカルマンフィルタ（摂動観測法）………………… *67*

5.4　実装上の工夫 ………………………………………………………… *74*

5.5　平滑化 ………………………………………………………………… *76*

5.6　局所化 ………………………………………………………………… *82*

　　5.6.1　$\mathbf{B}$ 局所化 ……………………………………………… *84*

　　5.6.2　$\mathbf{R}$ 局所化 ……………………………………………… *87*

5.7　局所化の適用例 ……………………………………………………… *89*

第6章　アンサンブル変換カルマンフィルタ　　　　　　　　*96*

6.1　有限の粒子による正規分布の表現 ………………………………… *96*

6.2　有限の粒子による予測 ……………………………………………… *98*

6.3　アンサンブル変換カルマンフィルタ …………………………… *105*

　　6.3.1　変換行列 $\mathbf{T}_k$ の計算 …………………………………… *107*

　　6.3.2　カルマンゲイン ………………………………………… *110*

　　6.3.3　アンサンブル変換カルマンフィルタのアルゴリズム …… *111*

6.4　システムノイズの扱い …………………………………………… *112*

6.5　局所アンサンブル変換カルマンフィルタ ……………………… *115*

第7章　アジョイント法　　　　　　　　　　　　　　　　　*118*

7.1　4次元変分法 ……………………………………………………… *118*

目　次　　*xi*

7.2　アジョイント法 ……………………………………………*121*

7.3　アジョイント法の特徴 ……………………………………*125*

7.4　アジョイント法（弱拘束の場合） ………………………*126*

7.5　アジョイント法のもう 1 つの導出 ………………………*128*

7.6　アジョイント法の適用例 …………………………………*130*

第 8 章　アンサンブルによる変分法　　*135*

8.1　アンサンブル変分法 ………………………………………*135*

8.2　反復計算 ……………………………………………………*139*

付　　録　　*143*

A.1　特異値分解 …………………………………………………*143*

A.2　多次元正規分布の確率密度関数に関する補足 …………*145*

A.3　罰則付き最小二乗法に関する補足 ………………………*147*

A.4　定理 5.1 の証明 ……………………………………………*151*

A.5　与えられた $\bar{x}$, $\mathbf{P}$ に対するアンサンブル …………*152*

A.6　ベクトル値関数の内積および二次形式の勾配 …………*153*

　　A.6.1　ベクトル a とベクトル値関数 $g(x)$ の内積 ……*153*

　　A.6.2　二次形式 ……………………………………………*154*

　　A.6.3　ベクトル値合成関数のヤコビ行列 ………………*155*

A.7　定理 7.1 の証明 ……………………………………………*156*

参考文献　　*158*

索　　引　　*161*

第 **1** 章

データ同化の枠組み

1.1 システムモデル

まず本章では，データ同化の問題設定を定式化しておく．本書で考える
シミュレーションモデルあるいは数値シミュレーションモデルとは，シス
テムの状態の時間発展をある法則に基づいて数値的に計算するものであ
る．気象シミュレーションモデルであれば，大気の状態の時間発展を物理
法則に基づいて数値的に計算する．物体の変形を模したシミュレーション
モデルでは，応力や歪みなどの状態について時間発展を計算する．人や生
き物の群衆の動きを模したシミュレーションモデルでは，個体の分布や行
動などの状態について，ある法則に基づいて時間発展を計算する．

こうしたシミュレーションモデルにおいては，システムの状態を表す
様々な変数の時間変化を計算することになる．このようなシステムの状
態を表す変数を**状態変数**と呼ぶ．また，状態変数をすべてまとめたベクト
ルを x と定義し，これを**状態ベクトル**と呼ぶ．シミュレーションモデル
で扱う変数のうち，時間的に変化する変数はすべて状態変数と見なされ
る．気象のような流体シミュレーションモデルであれば，x は各点の圧
力（気圧），流速（風速）などの値をまとめたベクトルとなる．

例えば，図 1.1 のように 2 次元の空間を $(M+1) \times (N+1)$ 個の格子点
で扱うシミュレーションモデルを考えよう．状態変数は格子点ごとに値を
持っており，流体シミュレーションモデルであれば，圧力（気圧），流速

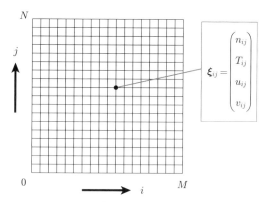

図 1.1 シミュレーションモデルの各格子点に割り当てられた物理量を 1 つのベクトルにまとめる.

(風速) などの物理量が格子点ごとに異なる値を持っている. そこで, ある格子点 (i,j) での全状態変数の値をまとめてベクトル $\boldsymbol{\xi}_{ij}$ で表すことにする. このとき, 状態ベクトル $\boldsymbol{x}$ は,

$$\boldsymbol{x} = \begin{pmatrix} \boldsymbol{\xi}_{00} \\ \vdots \\ \boldsymbol{\xi}_{M0} \\ \boldsymbol{\xi}_{01} \\ \vdots \\ \boldsymbol{\xi}_{M1} \\ \vdots \\ \boldsymbol{\xi}_{0N} \\ \vdots \\ \boldsymbol{\xi}_{MN} \end{pmatrix} \tag{1.1}$$

のように全格子点の $\boldsymbol{\xi}_{ij}$ をまとめたものになる.

データ同化の目的は, 観測データとシミュレーションモデルを用いて $\boldsymbol{x}$ の時間発展を推定し, 実際の現象を精度よく再現することである. 本書では, $\boldsymbol{x}$ の時間発展を推定する際, ある一定時間ごとの $\boldsymbol{x}$ を推定する

ことを考える．すなわち，ある時刻 $t_k = t_0 + k\Delta t$ における $\boldsymbol{x}$ の値を $\boldsymbol{x}_k$ と表すことにすると，時刻 $t_0, t_1, \ldots, t_K$ に対する状態ベクトル $\boldsymbol{x}_0, \boldsymbol{x}_1,$ $\ldots, \boldsymbol{x}_K$ を推定することになる．一般に $\boldsymbol{x}$ は時間に対して連続に変化するものであり，本来は時間の関数と見なすべきものであるが，数値シミュレーションでは，このように時間を離散的に扱うのが普通なので，本書でも時間を離散化して扱う．

通常，データ同化で用いられるのは，決定論的なシミュレーションモデルである．決定論的とは，任意の時刻 t_k の状態 $\boldsymbol{x}_k$ を与えると，それより後の時刻 t_ℓ $(t_\ell > t_k)$ の状態 $\boldsymbol{x}_\ell$ が一意に定まるという意味である．決定論的なシミュレーションモデルでは，時刻 t_{k-1} の状態 $\boldsymbol{x}_{k-1}$ を与えれば，時刻 t_k の状態 $\boldsymbol{x}_k$ の予測値が一意に得られる．この予測値を関数 $\boldsymbol{f}(\boldsymbol{x}_{k-1})$ で表すことにしよう．関数 $\boldsymbol{f}$ は，シミュレーションモデルで計算される時刻 t_{k-1} から時刻 t_k までの時間発展を表しているといえる．

関数 $\boldsymbol{f}$ を用いれば，時刻 t_{k-1} における状態 $\boldsymbol{x}_{k-1}$ と時刻 t_k における状態 $\boldsymbol{x}_k$ とを関連付けることができる．単純に考えれば，$\boldsymbol{x}_{k-1}$ と $\boldsymbol{x}_k$ との関係は

$$\boldsymbol{x}_k = \boldsymbol{f}(\boldsymbol{x}_{k-1}) \tag{1.2}$$

のように書ける．この場合，初期値 $\boldsymbol{x}_0$ を与えれば，

$$\boldsymbol{x}_1 = \boldsymbol{f}(\boldsymbol{x}_0),$$
$$\boldsymbol{x}_2 = \boldsymbol{f}(\boldsymbol{x}_1),$$
$$\vdots$$
$$\boldsymbol{x}_{k-1} = \boldsymbol{f}(\boldsymbol{x}_{k-2}),$$
$$\boldsymbol{x}_k = \boldsymbol{f}(\boldsymbol{x}_{k-1})$$

のように $\boldsymbol{x}_1, \boldsymbol{x}_2, \ldots, \boldsymbol{x}_k$ が順々に求まるので，$\boldsymbol{x}_0$ さえ分かれば，その後のシステムの時間発展もすべて分かるということになる．

しかし，シミュレーションはあくまでもシステムの時間発展を模擬するものであって，必ずしも実際のシステムの変化を正確に再現するもので

はない．シミュレーションモデルは，対象となるシステムの支配方程式に基づいて作られるが，基礎となる方程式自体に様々な近似が用いられている場合があるし，また，その方程式を数値的に解く際にも離散化などの近似が行われる．そのため，仮に時刻 t_0 における状態 $\boldsymbol{x}_0$ が正確に分かったとしても，$\boldsymbol{x}_0$ からシミュレーションモデルを時刻 t_k まで実行した結果は，現実の時刻 t_k における状態 $\boldsymbol{x}_k$ からずれることが避けられない．そこで，時間ステップ Δt ごとに，シミュレーションモデルで記述しきれない時間変化を考慮すると，$\boldsymbol{x}_{k-1}$ と $\boldsymbol{x}_k$ との関係は，

$$\boldsymbol{x}_k = \boldsymbol{f}(\boldsymbol{x}_{k-1}) + \boldsymbol{v}_k \tag{1.3}$$

のように記述される．式 (1.3) の $\boldsymbol{v}_k$ が決定論的なシミュレーションモデルでは記述しきれない変化を表す確率変数で，**システムノイズ**と呼ばれる．$\boldsymbol{v}_k$ は，$\boldsymbol{x}_{k-1}$ や $\boldsymbol{v}_{k-1}, \boldsymbol{v}_{k-2}, \ldots$ とは独立な確率変数と仮定する．

式 (1.2) あるいは (1.3) のように $\boldsymbol{x}_k$ の時間発展を記述したものを**システムモデル**と呼ぶ．シミュレーションと現実とのずれが問題にならない程度の比較的短い時間の現象を扱う場合には，システムノイズ項のない式 (1.2) でも問題はないが，ある程度長い時間の現象を扱う場合にはシステムノイズ $\boldsymbol{v}_k$ を考慮した式 (1.3) の方が適切である．一方，$\boldsymbol{v}_k$ を導入することによってシミュレーション内部の物理的な整合性が壊される場合もあり，また後述するように，大規模なシミュレーションでは $\boldsymbol{v}_k$ をうまく設定するのが難しいことから，あえて式 (1.2) を用いる場合もある．式 (1.2) のようなシステムモデルは**強拘束** (strong constraint) のモデル，式 (1.3) のようなシステムモデルは**弱拘束** (weak constraint) のモデルと呼ばれる．

なお，式 (1.2), (1.3) は決定論的なシミュレーションを想定した定式化になっているが，式 (1.3) の方を使えば，確率的な過程を含む非決定論的なシミュレーションモデルも，ある程度はデータ同化で扱うことができる．その場合は，確率的な過程をシステムノイズ $\boldsymbol{v}_k$ として考慮することになる．とはいえ，基本的にデータ同化では決定論的な過程が支配的な状況を想定しており，本書でも決定論的なシミュレーションモデルを想定し

て議論を進める.

1.2 観測モデル

　状態ベクトル $\boldsymbol{x}_0, \boldsymbol{x}_1, \ldots, \boldsymbol{x}_K$ の推定に観測データを活用するには，状態ベクトルと観測データとの関連付けも必要となる．そこで，時刻 t_k の状態 $\boldsymbol{x}_k$ に関する観測データを1つのベクトルにまとめて $\boldsymbol{y}_k$ と表記し，$\boldsymbol{y}_k$ は，$\boldsymbol{x}_k$ と以下のような線型の式で関係付けられるものとする：

$$\boldsymbol{y}_k = \mathbf{H}_k \boldsymbol{x}_k + \boldsymbol{w}_k. \tag{1.4}$$

$\boldsymbol{y}_k$ は**観測ベクトル**，行列 $\mathbf{H}_k$ は**観測行列**，ベクトル $\boldsymbol{w}_k$ は**観測ノイズ**と呼び，式 (1.4) を**観測モデル**と呼ぶ．観測ノイズ $\boldsymbol{w}_k$ は，観測データ $\boldsymbol{y}_k$ に $\mathbf{H}_k \boldsymbol{x}_k$ の形では表現できない擾乱が寄与することを考慮するための変数で，$\boldsymbol{x}_k$ や $\boldsymbol{w}_{k-1}, \boldsymbol{w}_{k-2}, \ldots$ とは独立な確率変数と仮定する．$\boldsymbol{w}_k$ に含まれる要素としては，データに重畳するランダムな観測誤差がまず挙げられる．また，それ以外にも $\boldsymbol{x}_k$ の値をどのように調整しても表現できない要素は $\boldsymbol{w}_k$ に含まれる．実際，シミュレーションモデルの $\boldsymbol{x}_k$ の値をいくら改善しても，現実の世界を完璧に表現できるわけではない．図 1.1 のように空間を格子で分割した場合，格子点の間隔よりも細かい空間変動は，シミュレーションモデルでは表現できない．また，時間変化についても，シミュレーションモデルの時間ステップよりも短い変動は表現できないから，$\boldsymbol{x}_k$ にもその寄与は含まれていないことになる．このようにシミュレーションモデルで記述できない細かい空間や時間変動は，観測ノイズ $\boldsymbol{w}_k$ として考慮されることになる．

　観測行列 $\mathbf{H}_k$ は，状態 $\boldsymbol{x}_k$ を観測される情報に変換する行列である．通常，状態ベクトル $\boldsymbol{x}_k$ の要素すべてについて，観測から情報が得られることはなく，$\boldsymbol{x}_k$ の一部の情報のみが観測 $\boldsymbol{y}_k$ として得られる．$\boldsymbol{x}_k$ について，どの要素の情報が得られるかについても，観測行列 $\mathbf{H}_k$ で記述する．例えば，状態ベクトル $\boldsymbol{x}_k$ を構成するシミュレーション変数のうち2番目と4番目の要素のみが直接観測できた場合，$\mathbf{H}_k$ は

$$\mathbf{H}_k = \begin{pmatrix} 0 & 1 & 0 & 0 & 0 & \cdots & 0 \\ 0 & 0 & 0 & 1 & 0 & \cdots & 0 \end{pmatrix} \tag{1.5}$$

という行列となる．より大規模なシミュレーションモデルにおいても，$\boldsymbol{y}_k$ の各要素が，ある格子点における特定の物理量の観測値である場合，$\mathbf{H}_k$ の各行は，その物理量に対応する状態変数にかかる列が 1 でそれ以外は 0 という行列になる．図 1.1 のような空間を格子に切って時間発展を計算するシミュレーションモデルでは，シミュレーションモデル上の格子点と観測点の位置が一致しないことがあり，そのような場合には，シミュレーションモデルで計算された各格子点の量を空間補間して観測と対応付ける操作を $\mathbf{H}_k$ で記述することになる．観測の構造によっては，$\mathbf{H}_k$ がもっと複雑な形になる場合もある．

現実の問題では，さらに $\boldsymbol{y}_k$ と $\boldsymbol{x}_k$ との関係が非線型となる場合がある．例えば，シミュレーションモデルでは，東西方向の風 u，南北方向の風 v を解いているが，観測では風速の絶対値 $\sqrt{u^2 + v^2}$ しか得られない場合である．そのような場合は，

$$\boldsymbol{y}_k = \boldsymbol{h}_k(\boldsymbol{x}_k) + \boldsymbol{w}_k \tag{1.6}$$

のように，$\boldsymbol{y}_k$ を $\boldsymbol{x}_k$ の（非線型）関数 $\boldsymbol{h}_k$ と観測ノイズの和で書く必要がある．第 7 章で扱う 4 次元変分法の枠組みでは非線型観測を近似なしに扱うことが可能だが，第 6 章までで扱う方法は線型の観測モデルに基づいているため，当面は式 (1.4) の線型の観測モデルを仮定して議論を進める．

さて，観測モデルを線型としてまとめると，ここで取り扱うべき変数同士の関係は，

$$\boldsymbol{x}_k = \boldsymbol{f}(\boldsymbol{x}_{k-1}) + \boldsymbol{v}_k, \tag{1.7a}$$

$$\boldsymbol{y}_k = \mathbf{H}_k \boldsymbol{x}_k + \boldsymbol{w}_k \tag{1.7b}$$

の 2 種類の式で表現できる．この 2 つをまとめて（非線型）状態空間モデルと呼ぶ．データ同化は，上のような関係が与えられ，さらに各時刻の

観測データ $\boldsymbol{y}_k$ が与えられた下で，各時刻の $\boldsymbol{x}_k$ を推定する問題と捉えることができる．なお，本書では状態変数や観測データがすべて実数値を取ると仮定する．したがって，状態ベクトル $\boldsymbol{x}_k$，観測ベクトル $\boldsymbol{y}_k$ は実数値ベクトルとなる．

1.3　やや具体的な例

常微分方程式 $\dfrac{d\boldsymbol{x}}{dt} \simeq \boldsymbol{g}(\boldsymbol{x})$ で「近似的に」表されるようなシステムを考える．このシステムにおいて，時刻 t_{k-1} から t_k までの $\boldsymbol{x}$ の時間発展は，

$$\boldsymbol{x}(t_k) \simeq \boldsymbol{x}(t_{k-1}) + \int_{t_{k-1}}^{t_k} \boldsymbol{g}\left(\boldsymbol{x}(\tau)\right) d\tau. \tag{1.8}$$

$\boldsymbol{x}_k = \boldsymbol{x}(t_k)$, $\boldsymbol{x}_{k-1} = \boldsymbol{x}(t_{k-1})$ とし，さらに，関数 $\boldsymbol{f}$ を

$$\boldsymbol{f}(\boldsymbol{x}_{k-1}) = \boldsymbol{x}_{k-1} + \int_{t_{k-1}}^{t_k} \boldsymbol{g}\left(\boldsymbol{x}(\tau)\right) d\tau \tag{1.9}$$

と定義すると，

$$\boldsymbol{x}_k \simeq \boldsymbol{f}(\boldsymbol{x}_{k-1}) \tag{1.10}$$

となる．式 (1.10) の $\boldsymbol{f}(\boldsymbol{x}_{k-1})$ は，近似式から得られた $\boldsymbol{x}_k$ の予測であることを考慮し，（未知の）予測誤差 $\boldsymbol{v}_k$ を導入して，

$$\boldsymbol{x}_k = \boldsymbol{f}(\boldsymbol{x}_{k-1}) + \boldsymbol{v}_k \tag{1.11}$$

と書ける．観測については，$\boldsymbol{x}_k$ の各要素がノイズ $\boldsymbol{w}_k$ 付きで観測されると仮定すると，

$$\boldsymbol{y}_k = \boldsymbol{x}_k + \boldsymbol{w}_k. \tag{1.12}$$

これは $\mathbf{H}_k$ を単位行列 $\mathbf{I}$ とすれば，以下のように表すことができる：

$$\boldsymbol{y}_k = \mathbf{H}_k \boldsymbol{x}_k + \boldsymbol{w}_k. \tag{1.13}$$

1.4 主なデータ同化手法

　実は，式 (1.7a), (1.7b) の状態空間モデル自体は，システム制御や時系列解析などの問題でも用いられる定式化である．ただし，データ同化で状態空間モデルを用いる場合には，以下のような制約を考慮する必要があり，それがデータ同化の特徴となる．

- 非常に高次元の状態ベクトルを推定する必要がある．
- 観測データも大量かつ多様である．
- システムの非線型性も考慮する必要がある．
- システムの時間発展の計算には，大規模なシミュレーションモデルを用いるため，大きな計算コストが掛かる．

データ同化の方法論は，このような制約を踏まえて構築されている．

　データ同化の手法には，大きく分けて 2 つのアプローチがある．1 つは，**4 次元変分法**と呼ばれるアプローチで，シミュレーションモデルから得られるシステムの時間発展シナリオが，ある一定の期間に得られたデータ時系列すべてに適合するように，初期値やパラメータを推定する．シミュレーションモデルが与えられていたとしても，初期値やパラメータの設定次第で，図 1.2 の点線のように様々な時間発展シナリオが考えられるが，その中で，黒の実線のように対象とする期間に得られたすべての観測データ（黒丸）にうまく適合するようなシナリオを求めるのが 4 次元変分法である．

　もう 1 つは，**逐次データ同化**と呼ばれるアプローチである．逐次データ同化では，ある期間のデータすべてを一度に参照するのではなく，観測が得られた時刻ごとに推定を行う．推定を行う際には，あらかじめ 1 つ前の観測時刻における推定結果を踏まえて予想を立てておき，その予想と観測データを組み合わせる．図 1.3 は逐次データ同化の手続きを概念的に示したものである．まず，前の観測時刻の時点で立てた予想は確率分布の形で表しておく（図 1.3 の黒の破線）．これと黒丸で表される観測データの情報を考慮して，その観測時刻の状態を推定する（黒の実線）．得られ

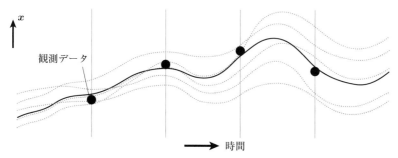

図 1.2 4次元変分法によるデータ同化の概念図．点線は想定し得るシナリオ，実線は最適なシナリオを表す．

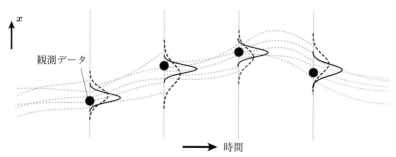

図 1.3 逐次データ同化の概念図．点線は直前までの観測を踏まえた予測シナリオを表す．

た推定結果は，その次の観測時刻での予測にも用いられ，それがさらに次の状態の推定にも用いられる．

　本書では，実用上使いやすい逐次データ同化の手法を第4章から第6章までで説明し，第7章と第8章で4次元変分法に属する手法を紹介する．

第 **2** 章

確率分布についての基本的事項

2.1 平均と分散共分散行列

状態 $\boldsymbol{x}_k$ の推定にあたっては，不確かさを考慮するために，$\boldsymbol{x}_k$ の確率分布を議論することになる．その際，確率分布，特に正規分布の性質を頻繁に用いることになるので，本章で基本的な事項を概説しておく．

m 次元確率変数 $\boldsymbol{x}$ の**平均** $\bar{\boldsymbol{x}}$，**分散共分散行列** $\mathbf{P}$ は以下のように定義される：

$$\bar{\boldsymbol{x}} = E[\boldsymbol{x}], \tag{2.1}$$

$$\mathbf{P} = E\left[(\boldsymbol{x} - \bar{\boldsymbol{x}})(\boldsymbol{x} - \bar{\boldsymbol{x}})^{\mathsf{T}}\right]. \tag{2.2}$$

ただし，E は期待値を表し，上付きの T は転置行列を表す．$\boldsymbol{x}$ の確率密度関数 $p(\boldsymbol{x})$ が与えられているとき，$\bar{\boldsymbol{x}}, \mathbf{P}$ はそれぞれ，

$$\bar{\boldsymbol{x}} = \int \boldsymbol{x} p(\boldsymbol{x}) \, d\boldsymbol{x}, \tag{2.3}$$

$$\mathbf{P} = \int (\boldsymbol{x} - \bar{\boldsymbol{x}})(\boldsymbol{x} - \bar{\boldsymbol{x}})^{\mathsf{T}} p(\boldsymbol{x}) \, d\boldsymbol{x} \tag{2.4}$$

のように得られる．ただし，積分領域は $\boldsymbol{x}$ の定義域全体とし，以下でも同様とする．

分散共分散行列 $\mathbf{P}$ は，$m \times m$ 行列で半正定値対称行列となる．すなわち，任意の m 次元ベクトル $\boldsymbol{z}$ に対して $\boldsymbol{z}^{\mathsf{T}}\mathbf{P}\boldsymbol{z} \geq 0$ が成り立ち，かつ

2.1 平均と分散共分散行列

$\mathbf{P}^\mathsf{T} = \mathbf{P}$ となる（正定値とは限らない．つまり，ある零ベクトルでない $\boldsymbol{z}$ に対して $\boldsymbol{z}^\mathsf{T}\mathbf{P}\boldsymbol{z} = 0$ となるような $\mathbf{P}$ もあり得る）．対称行列になることは定義より明らかだが，半正定値性についても

$$\boldsymbol{z}^\mathsf{T}\mathbf{P}\boldsymbol{z} = \boldsymbol{z}^\mathsf{T} E[(\boldsymbol{x} - \bar{\boldsymbol{x}})(\boldsymbol{x} - \bar{\boldsymbol{x}})^\mathsf{T}]\boldsymbol{z}$$
$$= E\left[\boldsymbol{z}^\mathsf{T}(\boldsymbol{x} - \bar{\boldsymbol{x}})(\boldsymbol{x} - \bar{\boldsymbol{x}})^\mathsf{T}\boldsymbol{z}\right]$$
$$= E\left[\left(\boldsymbol{z}^\mathsf{T}(\boldsymbol{x} - \bar{\boldsymbol{x}})\right)^2\right] \geq 0$$

のように直ちに確認できる．

線型代数の教科書に書かれているように，実対称行列は直交行列で対角化でき，得られる対角行列の対角要素（固有値）はすべて実数となる．さらに，半正定値行列ならば，固有値はすべて非負となる．したがって，分散共分散行列 $\mathbf{P}$ を

$$\mathbf{P} = \mathbf{U}\boldsymbol{\Lambda}\mathbf{U}^\mathsf{T} \tag{2.5}$$

のように固有値分解すると，$\mathbf{U}$ は直交行列となる．また，対角行列 $\boldsymbol{\Lambda} = \mathrm{diag}(\lambda_1, \ldots, \lambda_m)$ の各対角要素である $\mathbf{P}$ の固有値 λ_i はすべて非負の実数となる．

さらに，分散共分散行列 $\mathbf{P}$ が正定値の場合，式 (2.5) の対角行列 $\boldsymbol{\Lambda}$ の各対角要素 λ_i はすべて正の（0でない）実数となる．このとき，$\mathbf{P}$ は正則行列となり，逆行列 $\mathbf{P}^{-1}$ を持つ．$\mathbf{P}^{-1}$ を求めるには，式 (2.5) の固有値分解の結果が利用できる．$\mathbf{P}$ が正定値で $\lambda_i > 0$ が各 i に対して成り立つので，$\boldsymbol{\Lambda}$ の逆行列 $\boldsymbol{\Lambda}^{-1}$ は，各対角要素の逆数を取った対角行列 $\mathrm{diag}(1/\lambda_1, \ldots, 1/\lambda_m)$ となる．したがって，

$$\mathbf{P}^{-1} = \mathbf{U}\boldsymbol{\Lambda}^{-1}\mathbf{U}^\mathsf{T} \tag{2.6}$$

とおけば，$\mathbf{P}^{-1}$ が得られる．これが逆行列であることは，実際に $\mathbf{U}\boldsymbol{\Lambda}^{-1}\mathbf{U}^\mathsf{T}$ と $\mathbf{U}\boldsymbol{\Lambda}\mathbf{U}^\mathsf{T}$ を掛けると単位行列になることから直ちに確認できる．なお，$\boldsymbol{\Lambda}^{-1}$ は，すべての対角要素 $1/\lambda_i$ が正の実数となるので正定値行列であり，したがって，$\mathbf{P}^{-1}$ も正定値となる．

2.2 確率密度関数の変数変換

ある単射で微分可能なベクトル値関数 $\boldsymbol{g}$ を用いて，m 次元の確率変数 $\boldsymbol{x}, \boldsymbol{u}$ が

$$\boldsymbol{x} = \boldsymbol{g}(\boldsymbol{u}) \tag{2.7}$$

のように対応付けられているとする．$\boldsymbol{x}$ の確率密度関数 $p(\boldsymbol{x})$ が

$$p(\boldsymbol{x}) = f(\boldsymbol{x}) \tag{2.8}$$

の形で与えられたとき，$\boldsymbol{u}$ の確率密度関数は，

$$p(\boldsymbol{u}) = f\left(\boldsymbol{g}(\boldsymbol{u})\right) \left| \frac{\partial \boldsymbol{g}}{\partial \boldsymbol{u}^\mathsf{T}} \right| \tag{2.9}$$

のように書くことができる．ただし，$\left| \dfrac{\partial \boldsymbol{g}}{\partial \boldsymbol{u}^\mathsf{T}} \right|$ は関数 $\boldsymbol{g}$ のヤコビ行列の行列式の絶対値を表し，式 (2.9) が成り立つには，$\boldsymbol{u}$ が定義される任意の点で $\left| \dfrac{\partial \boldsymbol{g}}{\partial \boldsymbol{u}^\mathsf{T}} \right| \neq 0$ が成り立つ必要がある．ヤコビ行列式を掛けるのは，

$$
\begin{aligned}
P(\boldsymbol{x} \in A) &= \int_A f(\boldsymbol{x}) d\boldsymbol{x} = \int_{\boldsymbol{g}(A)} f(\boldsymbol{g}(\boldsymbol{u})) \left| \frac{\partial \boldsymbol{g}}{\partial \boldsymbol{u}^\mathsf{T}} \right| d\boldsymbol{u} \\
&= \int_{\boldsymbol{g}(A)} p(\boldsymbol{u}) d\boldsymbol{u} = P(\boldsymbol{u} \in \boldsymbol{g}(A))
\end{aligned}
\tag{2.10}
$$

のように，$\boldsymbol{x}$ が領域 A に含まれる確率を，領域 A の $\boldsymbol{g}$ による像 $\boldsymbol{g}(A)$ に $\boldsymbol{u}$ が含まれる確率と対応付けるためである．つまり，確率密度関数は，積分すると確率が得られる関数なので，ヤコビ行列式を掛けて辻褄を合わせる必要があるということである．式 (2.9) のように $\boldsymbol{x}$ の確率密度関数 $p(\boldsymbol{x})$ を $\boldsymbol{u}$ の確率密度関数 $p(\boldsymbol{u})$ に変換する操作は，$\boldsymbol{x}$ から $\boldsymbol{u}$ への変数変換と呼ばれる．

2.3 正規分布

1次元（1変量）の確率変数 z の確率密度関数が

$$p(z) = \frac{1}{\sqrt{2\pi\sigma_z^2}} \exp\left[-\frac{(z-\bar{z})^2}{2\sigma_z^2}\right] \tag{2.11}$$

のように書けるとき，z が平均 $\bar{z}$，分散 σ_z^2 の**正規分布**に従うという．平均が $\bar{z}$，分散が σ_z^2 なので，

$$E[z] = \int z p(z) dz = \bar{z}, \tag{2.12}$$

$$E[(z-\bar{z})^2] = \int (z-\bar{z})^2 p(z) dz = \sigma_z^2 \tag{2.13}$$

が成り立つ．

正規分布のうち，平均が $\bar{z} = 0$，分散が $\sigma_z^2 = 1$ となるものを特に（**1次元）標準正規分布**と呼ぶ．さらに，n 個の確率変数 $z_1, \ldots, z_n$ がそれぞれ独立に標準正規分布に従うとき，$z_1, \ldots, z_n$ をまとめた n 次元ベクトル

$$\boldsymbol{z} = \begin{pmatrix} z_1 \\ \vdots \\ z_n \end{pmatrix} \tag{2.14}$$

の従う分布を n 次元標準正規分布，あるいは単に標準正規分布と呼ぶ．$\boldsymbol{z}$ の確率密度関数は，$z_1, \ldots, z_n$ がそれぞれ式 (2.11) の1次元標準正規分布（平均 0，分散 1）に独立に従うので，

$$\begin{aligned} p(\boldsymbol{z}) &= \prod_{i=1}^{n} p(z_i) = \prod_{i=1}^{n} \frac{1}{\sqrt{2\pi}} \exp\left[-\frac{z_i^2}{2}\right] \\ &= \frac{1}{\sqrt{(2\pi)^n}} \exp\left[-\frac{1}{2}\sum_{i=1}^{n} z_i^2\right] = \frac{1}{\sqrt{(2\pi)^n}} \exp\left[-\frac{1}{2}\boldsymbol{z}^\mathsf{T}\boldsymbol{z}\right] \end{aligned} \tag{2.15}$$

となる．n 次元標準正規分布 $p(\boldsymbol{z})$ の平均は，$z_1, \ldots, z_n$ のそれぞれの平均が 0 なので，

$$E[\boldsymbol{z}] = \begin{pmatrix} E[z_1] \\ \vdots \\ E[z_n] \end{pmatrix} = \boldsymbol{0}. \tag{2.16}$$

ただし，$\boldsymbol{0}$ は零ベクトルを表す．また，$z_i,\, z_j\ (i \neq j)$ に対して

$$E[z_i z_j] = \iint z_i z_j p(z_i)\, p(z_j) dz_i dz_j = \int z_i p(z_i) dz_i \int z_j p(z_j) dz_j$$
$$= 0 \tag{2.17}$$

が成り立つので，z_i と z_j の共分散は $i \neq j$ のとき 0 となる．$z_1, \ldots, z_n$ の分散はそれぞれ 1 なので，$\boldsymbol{z}$ の分散共分散行列は

$$E\left[(\boldsymbol{z} - \boldsymbol{0})(\boldsymbol{z} - \boldsymbol{0})^{\mathsf{T}}\right] = E\left[\boldsymbol{z}\boldsymbol{z}^{\mathsf{T}}\right] = \mathbf{I}_n \tag{2.18}$$

となる．ただし，$\mathbf{I}_n$ は n 次の単位行列を表す．

　一般の m 次元正規分布は，n 次元標準正規分布を使って定義できる．すなわち，m 次元の確率変数 $\boldsymbol{x}$ が，n 次元標準正規分布に従う確率変数 $\boldsymbol{z}$ を

$$\boldsymbol{x} = \bar{\boldsymbol{x}} + \mathbf{T}\boldsymbol{z} \tag{2.19}$$

のように変換して得られるとき，$\boldsymbol{x}$ の従う分布を m 次元正規分布と呼ぶ．ただし，$\bar{\boldsymbol{x}}$ は m 次元の定数ベクトル，$\mathbf{T}$ は $m \times n$ 行列である．式 (2.19) において $\boldsymbol{x}$ は，$\boldsymbol{z}$ に $\mathbf{T}$ による線型変換と $\bar{\boldsymbol{x}}$ による平行移動を適用したものになっている．このように線型変換と平行移動を組み合わせた変換は**アフィン変換**と呼ばれる．つまり，m 次元正規分布は，$\boldsymbol{z}$ のアフィン変換で表される m 次元ベクトル $\boldsymbol{x}$ が従う分布と考えることができる．なお，本書では 2 次元以上を含む**多次元正規分布**のことを単に**正規分布**と呼ぶことにし，必要に応じて次元も示すことにする．

　$\boldsymbol{x}$ が式 (2.19) のように表せるとき $\boldsymbol{x}$ の平均は，

$$E[\boldsymbol{x}] = E[\bar{\boldsymbol{x}} + \mathbf{T}\boldsymbol{z}] = \int (\bar{\boldsymbol{x}} + \mathbf{T}\boldsymbol{z})\, p(\boldsymbol{z})\, d\boldsymbol{z} = \bar{\boldsymbol{x}} + \mathbf{T} \int \boldsymbol{z} p(\boldsymbol{z})\, d\boldsymbol{z}$$

$$= \bar{\boldsymbol{x}} + \mathbf{T}E[\boldsymbol{z}] = \bar{\boldsymbol{x}}, \tag{2.20}$$

分散共分散行列は,

$$E[(\boldsymbol{x} - \bar{\boldsymbol{x}})(\boldsymbol{x} - \bar{\boldsymbol{x}})^{\mathsf{T}}] = E[\mathbf{T}\boldsymbol{z}\boldsymbol{z}^{\mathsf{T}}\mathbf{T}^{\mathsf{T}}] = \int \mathbf{T}\boldsymbol{z}\boldsymbol{z}^{\mathsf{T}}\mathbf{T}^{\mathsf{T}}\, p(\boldsymbol{z})\, d\boldsymbol{z}$$

$$= \mathbf{T} \left(\int \boldsymbol{z}\boldsymbol{z}^{\mathsf{T}}\, p(\boldsymbol{z})\, d\boldsymbol{z} \right) \mathbf{T}^{\mathsf{T}} = \mathbf{T}E\left[\boldsymbol{z}\boldsymbol{z}^{\mathsf{T}} \right] \mathbf{T}^{\mathsf{T}} = \mathbf{T}\mathbf{T}^{\mathsf{T}} \tag{2.21}$$

となる.

　行列 $\mathbf{T}$ が正則行列である場合,つまり逆行列を持つ場合には,$\boldsymbol{x}$ の確率密度関数も容易に得ることができる.$\mathbf{T}$ が正則行列のとき,式 (2.19) から

$$\boldsymbol{z} = \mathbf{T}^{-1}(\boldsymbol{x} - \bar{\boldsymbol{x}}) \tag{2.22}$$

のように書き直せる.$\mathbf{T}$ が正則なので,$\mathbf{T}$ は正方行列で $\boldsymbol{z}$ と $\boldsymbol{x}$ は次元が同じになる.そこで,$\boldsymbol{z}$ の次元も m とし,式 (2.22) を用いて,式 (2.15) の確率密度関数を変数変換すると,式 (2.9) より,

$$p(\boldsymbol{x}) = p(\boldsymbol{z}) \left| \frac{d\boldsymbol{z}}{d\boldsymbol{x}^{\mathsf{T}}} \right|$$

$$= \frac{|\mathbf{T}^{-1}|}{\sqrt{(2\pi)^m}} \exp \left[-\frac{1}{2}(\boldsymbol{x} - \bar{\boldsymbol{x}})^{\mathsf{T}} \mathbf{T}^{-1\,\mathsf{T}}\mathbf{T}^{-1}(\boldsymbol{x} - \bar{\boldsymbol{x}}) \right] \tag{2.23}$$

$$= \frac{1}{\sqrt{(2\pi)^m}|\mathbf{T}|} \exp \left[-\frac{1}{2}(\boldsymbol{x} - \bar{\boldsymbol{x}})^{\mathsf{T}} \left(\mathbf{T}\mathbf{T}^{\mathsf{T}} \right)^{-1} (\boldsymbol{x} - \bar{\boldsymbol{x}}) \right].$$

ただし,$|\mathbf{T}|$ は $\mathbf{T}$ の行列式の絶対値を表す.式 (2.23) に含まれる行列 $\mathbf{T}\mathbf{T}^{\mathsf{T}}$ は,式 (2.21) で示したように $\boldsymbol{x}$ の分散共分散行列である.そこで,$\mathbf{P} = \mathbf{T}\mathbf{T}^{\mathsf{T}}$ とおくと,

$$|\mathbf{T}| = \sqrt{|\mathbf{T}|^2} = \sqrt{|\mathbf{P}|}$$

が成り立つので,式 (2.23) は

$$p(\boldsymbol{x}) = \frac{1}{\sqrt{(2\pi)^m |\mathbf{P}|}} \exp\left[-\frac{1}{2}(\boldsymbol{x} - \bar{\boldsymbol{x}})^{\mathsf{T}} \mathbf{P}^{-1} (\boldsymbol{x} - \bar{\boldsymbol{x}})\right] \tag{2.24}$$

と書き直すことができる.

今, $\mathbf{T}$ が正則であることを仮定して式 (2.24) を導いたが, $\mathbf{T}$ が非正則であっても $\mathbf{P} = \mathbf{T}\mathbf{T}^{\mathsf{T}}$ が正則行列となる場合がある. それは, 式 (2.19) において, $\boldsymbol{x}$ の次元 m より $\boldsymbol{z}$ の次元 n が大きく, 行列 $\mathbf{T}$ の階数 r が m に等しい場合, つまり $m = r < n$ となる場合である. このような場合も, 確率密度関数は式 (2.24) と同じ形になる (付録 A.2 参照).

一方, $\mathbf{P}$ が正則にならない場合, $\mathbf{P}$ の逆行列が存在しないので, 右辺に $\mathbf{P}^{-1}$ を含んでいる式 (2.24) は成り立たない. 実は, $\mathbf{P}$ の階数 r が m より小さいとき, $\boldsymbol{x}$ は r 次元の部分空間に分布し, m 次元空間上での確率密度を得ることはできない. 典型例は式 (2.19) において $m > n = r$ となる場合である. このとき, $\boldsymbol{x}$ は r 次元の確率変数 $\boldsymbol{z}$ のアフィン変換で表されるので, r 次元の部分空間上の値しか取れない. ただ, 本書では便宜上, $\mathbf{P}$ が非正則の場合でも, m 次元確率変数 $\boldsymbol{x}$ の分布を $p(\boldsymbol{x})$ で表すことがある[1].

正規分布は, m 次元の平均ベクトル $\bar{\boldsymbol{x}}$ と m 次の分散共分散行列 $\mathbf{P}$ を与えると, 式 (2.19) の形の表現に直すことができる. そのためには,

$$\mathbf{P} = \mathbf{T}\mathbf{T}^{\mathsf{T}} \tag{2.25}$$

を満たす行列 $\mathbf{T}$ を求め, 式 (2.19) に従って, 標準正規分布をアフィン変換すればよい. 式 (2.25) を満たす行列 $\mathbf{T}$ が存在することは, 式 (2.5) の固有値分解 $\mathbf{P} = \mathbf{U}\mathbf{\Lambda}\mathbf{U}^{\mathsf{T}}$ を利用すると確認できる. 固有値分解で得られる対角行列 $\mathbf{\Lambda}$ はすべての対角要素が非負なので, $\mathbf{\Lambda}$ の各対角要素の平方根を取った対角行列

$$\mathbf{\Lambda}^{\frac{1}{2}} = \mathrm{diag}(\sqrt{\lambda_1}, \dots, \sqrt{\lambda_m}) \tag{2.26}$$

---

[1]本書では, 正規分布の下での平均, 分散共分散行列を式 (2.3), (2.4) のように $p(\boldsymbol{x})$ を使って表す場合がある. $\mathbf{P}$ が非正則の場合, 本来 $p(\boldsymbol{x})$ を使った計算はできないのだが, 部分空間上で平均や分散共分散行列を計算すると読み替えていただければ, 特に支障はないだろう.

を定義できる. そこで,

$$\mathbf{T} = \mathbf{U}\boldsymbol{\Lambda}^{\frac{1}{2}} \tag{2.27}$$

とおくと, 行列 $\mathbf{T}$ が式 (2.25) が満たす行列の一例になる. なお, 式 (2.25) を満たす $\mathbf{T}$ は一意には定まらず無数に存在する. 例えば, $\mathbf{W}$ を任意の m 次の直交行列として,

$$\mathbf{T} = \mathbf{U}\boldsymbol{\Lambda}^{\frac{1}{2}}\mathbf{W}^{\mathsf{T}} \tag{2.28}$$

とおいても式 (2.25) は成り立つ. また, 式 (2.28) では正方行列の $\mathbf{T}$ しか得られないが, 正方行列でない $\mathbf{T}$ も無数に存在する. $\mathbf{T}$ が異なっていても, 平均 $\bar{\boldsymbol{x}}$ と分散共分散行列 $\mathbf{P} = \mathbf{T}\mathbf{T}^{\mathsf{T}}$ が同じであれば, 式 (2.24) が示すように確率密度関数は同じであり, 同じ分布の形状を持つことになる. したがって, 正規分布の形状は $\bar{\boldsymbol{x}}$ と $\mathbf{P}$ で指定できる. 以下では, 平均 $\bar{\boldsymbol{x}}$ と分散共分散行列 $\mathbf{P}$ の正規分布を $\mathcal{N}(\bar{\boldsymbol{x}}, \mathbf{P})$ と表記する.

2.4 正規分布の性質

式 (2.19) では, 標準正規分布に従う $\boldsymbol{z}$ のアフィン変換から正規分布を得たが, 一般の正規分布に従う確率変数 $\boldsymbol{\zeta}$ のアフィン変換について以下が成り立つ.

定理 2.1

$\boldsymbol{\zeta}$ を n 次元正規分布 $\mathcal{N}(\bar{\boldsymbol{\zeta}}, \mathbf{P}_\zeta)$ に従う確率変数とするとき, $\boldsymbol{\zeta}$ のアフィン変換

$$\boldsymbol{x} = \boldsymbol{b} + \mathbf{A}\boldsymbol{\zeta} \tag{2.29}$$

は正規分布 $\mathcal{N}(\boldsymbol{b} + \mathbf{A}\bar{\boldsymbol{\zeta}}, \mathbf{A}\mathbf{P}_\zeta\mathbf{A}^{\mathsf{T}})$ に従う.

証明 まず, 式 (2.27) と同様にして, $\mathbf{P}_\zeta = \mathbf{T}_\zeta\mathbf{T}_\zeta^{\mathsf{T}}$ を満たす行列 $\mathbf{T}_\zeta$ を用意する. 確率変数 $\boldsymbol{\zeta}$ は, n 次元標準正規分布に従う確率変数 $\boldsymbol{z}$ と行列 $\mathbf{T}_\zeta$ を用いて,

$$\boldsymbol{\zeta} = \bar{\boldsymbol{\zeta}} + \mathbf{T}_\zeta \boldsymbol{z} \tag{2.30}$$

と表せる．これを式 (2.29) に代入すると，

$$\boldsymbol{x} = \boldsymbol{b} + \mathbf{A}\left(\bar{\boldsymbol{\zeta}} + \mathbf{T}_\zeta \boldsymbol{z}\right) = \boldsymbol{b} + \mathbf{A}\bar{\boldsymbol{\zeta}} + \mathbf{A}\mathbf{T}_\zeta \boldsymbol{z} \tag{2.31}$$

と書けるので，$\boldsymbol{x}$ は式 (2.19) と同様に $\boldsymbol{z}$ のアフィン変換になっている．また，式 (2.20), (2.21) より，$\boldsymbol{x}$ の平均は $\boldsymbol{b} + \mathbf{A}\bar{\boldsymbol{\zeta}}$，分散共分散行列は $\mathbf{A}\mathbf{T}_\zeta \mathbf{T}_\zeta^\mathsf{T} \mathbf{A}^\mathsf{T} = \mathbf{A}\mathbf{P}_\zeta \mathbf{A}^\mathsf{T}$ である．以上のことから，$\boldsymbol{x}$ は正規分布 $\mathcal{N}(\boldsymbol{b}+\mathbf{A}\bar{\boldsymbol{\zeta}}, \mathbf{A}\mathbf{P}_\zeta \mathbf{A}^\mathsf{T})$ に従う．

□

　また，以下に示すように正規分布に従う確率変数同士の和も正規分布に従うという性質がある．

定理 2.2

　2 つの m 次元の確率変数 $\boldsymbol{x}_a$, $\boldsymbol{x}_b$ が互いに独立でそれぞれ正規分布 $\mathcal{N}(\bar{\boldsymbol{x}}_a, \mathbf{P}_a), \mathcal{N}(\bar{\boldsymbol{x}}_b, \mathbf{P}_b)$ に従うとき，その和 $\boldsymbol{x}_a + \boldsymbol{x}_b$ は正規分布 $\mathcal{N}(\bar{\boldsymbol{x}}_a + \bar{\boldsymbol{x}}_b, \mathbf{P}_a + \mathbf{P}_b)$ に従う．

証明　確率変数 $\boldsymbol{x}_a$, $\boldsymbol{x}_b$ は，$\mathbf{P}_a = \mathbf{T}_a \mathbf{T}_a^\mathsf{T}$, $\mathbf{P}_b = \mathbf{T}_b \mathbf{T}_b^\mathsf{T}$ を満たすように行列 $\mathbf{T}_a$, $\mathbf{T}_b$ を選ぶと，独立に標準正規分布に従う確率変数 $\boldsymbol{z}_a$, $\boldsymbol{z}_b$ を用いて，

$$\boldsymbol{x}_a = \bar{\boldsymbol{x}}_a + \mathbf{T}_a \boldsymbol{z}_a, \qquad\qquad \boldsymbol{x}_b = \bar{\boldsymbol{x}}_b + \mathbf{T}_b \boldsymbol{z}_b \tag{2.32}$$

のように書くことができる．これを 1 つにまとめると，

$$\begin{pmatrix} \boldsymbol{x}_a \\ \boldsymbol{x}_b \end{pmatrix} = \begin{pmatrix} \bar{\boldsymbol{x}}_a \\ \bar{\boldsymbol{x}}_b \end{pmatrix} + \begin{pmatrix} \mathbf{T}_a & \mathbf{O} \\ \mathbf{O} & \mathbf{T}_b \end{pmatrix} \begin{pmatrix} \boldsymbol{z}_a \\ \boldsymbol{z}_b \end{pmatrix}. \tag{2.33}$$

ただし，$\mathbf{O}$ は零行列である．$\boldsymbol{z}_a$, $\boldsymbol{z}_b$ が独立に m 次元標準正規分布に従うので，$\begin{pmatrix} \boldsymbol{z}_a \\ \boldsymbol{z}_b \end{pmatrix}$ は $2m$ 次元標準正規分布に従う．したがって，$\boldsymbol{x}_a$ と $\boldsymbol{x}_b$ をまとめたベクトル $\begin{pmatrix} \boldsymbol{x}_a \\ \boldsymbol{x}_b \end{pmatrix}$ は，$2m$ 次元正規分布に従い，平均は $\begin{pmatrix} \bar{\boldsymbol{x}}_a \\ \bar{\boldsymbol{x}}_b \end{pmatrix}$，分散共分散行列は

$$
\begin{pmatrix} \mathbf{T}_a & \mathbf{O} \\ \mathbf{O} & \mathbf{T}_b \end{pmatrix} \begin{pmatrix} \mathbf{T}_a & \mathbf{O} \\ \mathbf{O} & \mathbf{T}_b \end{pmatrix}^{\mathsf{T}} = \begin{pmatrix} \mathbf{T}_a \mathbf{T}_a^{\mathsf{T}} & \mathbf{O} \\ \mathbf{O} & \mathbf{T}_b \mathbf{T}_b^{\mathsf{T}} \end{pmatrix} = \begin{pmatrix} \mathbf{P}_a & \mathbf{O} \\ \mathbf{O} & \mathbf{P}_b \end{pmatrix}
\tag{2.34}
$$

となる．和 $\boldsymbol{x}_a + \boldsymbol{x}_b$ は，

$$
\boldsymbol{x}_a + \boldsymbol{x}_b = (\mathbf{I}_m \quad \mathbf{I}_m) \begin{pmatrix} \boldsymbol{x}_a \\ \boldsymbol{x}_b \end{pmatrix}
\tag{2.35}
$$

から得られるので，定理 2.1 を用いると，$\boldsymbol{x}_a + \boldsymbol{x}_b$ が正規分布に従うことがいえ，その平均ベクトル $\bar{\boldsymbol{x}}_{\mathrm{sum}}$，分散共分散行列 $\mathbf{P}_{\mathrm{sum}}$ はそれぞれ

$$
\bar{\boldsymbol{x}}_{\mathrm{sum}} = (\mathbf{I}_m \quad \mathbf{I}_m) \begin{pmatrix} \bar{\boldsymbol{x}}_a \\ \bar{\boldsymbol{x}}_b \end{pmatrix} = \bar{\boldsymbol{x}}_a + \bar{\boldsymbol{x}}_b,
\tag{2.36}
$$

$$
\mathbf{P}_{\mathrm{sum}} = (\mathbf{I}_m \quad \mathbf{I}_m) \begin{pmatrix} \mathbf{P}_a & \mathbf{O} \\ \mathbf{O} & \mathbf{P}_b \end{pmatrix} \begin{pmatrix} \mathbf{I}_m \\ \mathbf{I}_m \end{pmatrix} = \mathbf{P}_a + \mathbf{P}_b
\tag{2.37}
$$

となる．したがって，$\boldsymbol{x}_a + \boldsymbol{x}_b$ の従う分布は正規分布 $\mathcal{N}(\bar{\boldsymbol{x}}_a + \bar{\boldsymbol{x}}_b, \mathbf{P}_a + \mathbf{P}_b)$ となる． □

第 3 章

最小二乗法とベイズ推定

3.1 最小二乗法

データ同化でやりたいことは,

$$\boldsymbol{x}_k = \boldsymbol{f}(\boldsymbol{x}_{k-1}) + \boldsymbol{v}_k, \tag{1.7a}$$

$$\boldsymbol{y}_k = \mathbf{H}_k \boldsymbol{x}_k + \boldsymbol{w}_k \tag{1.7b}$$

の 2 種類の関係式が与えられ, さらに各時刻の観測データ $\boldsymbol{y}_k$ が与えら
れたという条件の下で, 各時刻 t_k における $\boldsymbol{x}_k$ を推定することであった.
しかし, 推定を行う上でまず基礎となるのは, 式 (1.7b) の観測モデルを
用いた観測 $\boldsymbol{y}_k$ からの $\boldsymbol{x}_k$ の推定である. そこで本章では, 式 (1.7a) のシ
ステムモデルを一旦無視し, 観測モデルのみを用いて, 各時間ステップの
観測 $\boldsymbol{y}_k$ から未知変数 $\boldsymbol{x}_k$ を推定するという問題を考える. 本章では, 時
間発展を考えないため, 時刻を表す添え字 k を省略し,

$$\boldsymbol{y} = \mathbf{H}\boldsymbol{x} + \boldsymbol{w} \tag{3.1}$$

という式に基づいて, 観測 $\boldsymbol{y}$ から $\boldsymbol{x}$ を推定する問題を考えることにす
る. また, 以下では $\boldsymbol{w}$ が推定したい変数 $\boldsymbol{x}$ とは独立な確率変数であるも
のとする.

式 (3.1) に基づいて $\boldsymbol{x}$ を推定するもっとも基本的な方法は,

$$\Psi_L = \|\boldsymbol{w}\|^2 = \|\boldsymbol{y} - \mathbf{H}\boldsymbol{x}\|^2 \tag{3.2}$$

で定義される目的関数 Ψ_L を最小化するというものである．ただし，$\|\cdot\|$ はベクトルのユークリッドノルム（2乗ノルム）を表し，例えば，n 次元ベクトル $\boldsymbol{a} = (a_1\ a_2\ \cdots\ a_n)^\mathsf{T}$ に対して，

$$\|\boldsymbol{a}\| = \sqrt{a_1^2 + a_2^2 + \cdots + a_n^2} \tag{3.3}$$

である．Ψ_L の最小化は，いわゆる**最小二乗法**というもので，観測ノイズ $\boldsymbol{w}$ を微小と仮定し，式 (3.1) の第 1 項 $\mathbf{H}\boldsymbol{x}$ がなるべく観測 $\boldsymbol{y}$ に合うように $\boldsymbol{x}$ を求めることに相当する．最小二乗法による $\boldsymbol{x}$ の推定値を得るために，まずベクトル $\boldsymbol{y}$, $\boldsymbol{x}$ および行列 $\mathbf{H}$ をそれぞれ要素にばらして式 (3.2) を書き直すと，

$$\Psi_L = \sum_{i=1}^{n} \left(y_i - \sum_{j=1}^{m} H_{ij} x_j \right)^2. \tag{3.4}$$

ただし，$m = \dim \boldsymbol{x}$, $n = \dim \boldsymbol{y}$ とした．Ψ_L を最小化するには，Ψ_L を $\boldsymbol{x}$ の各要素で微分し，それがすべて 0 になればよい．Ψ_L を $\boldsymbol{x}$ の l 番目の要素 x_l で微分すると，

$$\frac{\partial \Psi_L}{\partial x_l} = -2 \sum_{i=1}^{n} H_{il} \left(y_i - \sum_{j=1}^{m} H_{ij} x_j \right). \tag{3.5}$$

これがすべての l $(l = 1, \ldots, m)$ について 0 になるので，行列，ベクトルにまとめて書き直すと，

$$-\mathbf{H}^\mathsf{T}\boldsymbol{y} + \mathbf{H}^\mathsf{T}\mathbf{H}\boldsymbol{x} = \mathbf{0}. \tag{3.6}$$

ただし，$\mathbf{0}$ は零ベクトルである．式 (3.6) は，$\mathbf{H}^\mathsf{T}\mathbf{H}$ が正則（逆行列を持つ）なら解を持ち，$\boldsymbol{x}$ の値が

$$\hat{\boldsymbol{x}} = (\mathbf{H}^\mathsf{T}\mathbf{H})^{-1}\mathbf{H}^\mathsf{T}\boldsymbol{y}$$

であるときに Ψ_L が最小になる．

3.2 罰則付き最小二乗法

現実には，データ同化の扱う問題で，$\mathbf{H}^{\mathsf{T}}\mathbf{H}$ が正則行列になることは滅多にない．通常，$\boldsymbol{x}$ のうちの一部しか観測できないため，観測ベクトル $\boldsymbol{y}$ の次元は $\boldsymbol{x}$ の次元よりもかなり小さい．$\boldsymbol{x}$ の次元を m，$\boldsymbol{y}$ の次元を n とすると，行列 $\mathbf{H}$ のサイズは $n \times m$，行列 $\mathbf{H}^{\mathsf{T}}\mathbf{H}$ のサイズは $m \times m$ となる．$n < m$ であれば，行列 $\mathbf{H}^{\mathsf{T}}\mathbf{H}$ の階数（ランク）は n 以下，すなわち

$$\mathrm{rank}\,\mathbf{H}^{\mathsf{T}}\mathbf{H} \leq n < m$$

となるため，$\mathbf{H}^{\mathsf{T}}\mathbf{H}$ は正則にはならない．また，仮に観測データの量が多く，$n > m$ となっていたとしても，観測点の分布に空間的な偏りがあり，$\boldsymbol{x}$ の一部の情報しか観測できないような状況などでは，$\mathbf{H}^{\mathsf{T}}\mathbf{H}$ が非正則，あるいは非正則に近い状況になり，推定が不安定になる場合がある．

このように観測データの情報が不十分な状況では，$\boldsymbol{x}$ が大体このあたりだろうと事前に予想をつけておき，その予想から離れると値が大きくなる罰則を課すのが有効な場合がある．すなわち，事前の予想値を $\bar{\boldsymbol{x}}_b$ として，

$$\Psi_C = \|\boldsymbol{y} - \mathbf{H}\boldsymbol{x}\|^2 + \xi^2 \|\boldsymbol{x} - \bar{\boldsymbol{x}}_b\|^2 \tag{3.7}$$

という目的関数を導入し，Ψ_C を最小とするものを $\boldsymbol{x}$ の推定値とするのである．この方法を**罰則付き最小二乗法**という．ξ は，事前の予想をどれだけ重視するかを決める実数パラメータである．$\bar{\boldsymbol{x}}_b$ には，例えば，長期間にわたる過去の観測データの平均値などを用いることが考えられるが，特に合理的な予想が立てられない場合は $\bar{\boldsymbol{x}}_b = \boldsymbol{0}$ とすることも多い[1]．

式 (3.7) のベクトル，行列を要素で書き直すと，

---

[1]付録 A.3 でも議論するように，$\bar{\boldsymbol{x}}_b = \boldsymbol{0}$ としても，推定が不安定になるのを避ける効果はある．

3.2 罰則付き最小二乗法

$$\Psi_C = \|\boldsymbol{y} - \mathbf{H}\boldsymbol{x}\|^2 + \xi^2 \|\boldsymbol{x} - \bar{\boldsymbol{x}}_b\|^2$$

$$= \sum_{i=1}^{n} \left(y_i - \sum_{j=1}^{m} H_{ij} x_j \right)^2 + \sum_{i=1}^{m} \xi^2 (x_i - x_{b,i})^2. \tag{3.8}$$

Ψ_C を $\boldsymbol{x}$ の l 番目の要素 x_l で微分すると,

$$\frac{\partial \Psi_C}{\partial x_l} = -2 \sum_{i=1}^{n} H_{il} \left(y_i - \sum_{j=1}^{m} H_{ij} x_j \right) + 2\xi^2 (x_l - x_{b,l}). \tag{3.9}$$

これがすべての l $(l = 1, \ldots, m)$ について 0 になるときに Ψ_C が最小になるので,改めて行列の形でまとめると,

$$-2 \left(\mathbf{H}^\mathsf{T} \boldsymbol{y} - \mathbf{H}^\mathsf{T} \mathbf{H} \boldsymbol{x} \right) + 2\xi^2 (\boldsymbol{x} - \bar{\boldsymbol{x}}_b) = \mathbf{0}. \tag{3.10}$$

式 (3.10) の左辺を 2 で割って変形すると,

$$- \mathbf{H}^\mathsf{T} \boldsymbol{y} + \mathbf{H}^\mathsf{T} \mathbf{H} \boldsymbol{x} + \xi^2 (\boldsymbol{x} - \bar{\boldsymbol{x}}_b)$$

$$= -\mathbf{H}^\mathsf{T} \boldsymbol{y} + \mathbf{H}^\mathsf{T} \mathbf{H} \bar{\boldsymbol{x}}_b + \mathbf{H}^\mathsf{T} \mathbf{H} (\boldsymbol{x} - \bar{\boldsymbol{x}}_b) + \xi^2 (\boldsymbol{x} - \bar{\boldsymbol{x}}_b) \tag{3.11}$$

$$= -\mathbf{H}^\mathsf{T} (\boldsymbol{y} - \mathbf{H} \bar{\boldsymbol{x}}_b) + (\mathbf{H}^\mathsf{T} \mathbf{H} + \xi^2 \mathbf{I}_m)(\boldsymbol{x} - \bar{\boldsymbol{x}}_b) = \mathbf{0}.$$

ただし,$\mathbf{I}_m$ は m 次の単位行列である.したがって,行列 $\mathbf{H}^\mathsf{T} \mathbf{H} + \xi^2 \mathbf{I}_m$ が正則であれば(つまり逆行列を持つならば),Ψ_C を最小にする $\hat{\boldsymbol{x}}$ が

$$\hat{\boldsymbol{x}} = \bar{\boldsymbol{x}}_b + (\mathbf{H}^\mathsf{T} \mathbf{H} + \xi^2 \mathbf{I}_m)^{-1} \mathbf{H}^\mathsf{T} (\boldsymbol{y} - \mathbf{H} \bar{\boldsymbol{x}}_b) \tag{3.12}$$

のように得られる.実際,$\xi \neq 0$ であれば,行列 $\mathbf{H}^\mathsf{T} \mathbf{H} + \xi^2 \mathbf{I}_m$ は必ず正則行列になり,逆行列を持つ.一般に,以下が成り立つ.

定理 3.1

$\mathbf{A}$ を n 次の半正定値対称行列,$\mathbf{B}$ を m 次の正定値対称行列,$\mathbf{H}$ を $m \times n$ 行列としたとき,行列 $\mathbf{H}^\mathsf{T} \mathbf{A} \mathbf{H} + \mathbf{B}$ は正則行列である.

証明 $\mathbf{A}, \mathbf{B}$ が対称行列であることから

$$(\mathbf{H}^\mathsf{T}\mathbf{A}\mathbf{H} + \mathbf{B})^\mathsf{T} = \mathbf{H}^\mathsf{T}\mathbf{A}\mathbf{H} + \mathbf{B}$$

となり，$\mathbf{H}^\mathsf{T}\mathbf{A}\mathbf{H} + \mathbf{B}$ は対称行列である．また，$\mathbf{A}$ が半正定値対称行列で，任意の n 次元ベクトル $\boldsymbol{x}$ に対して $\boldsymbol{x}^\mathsf{T}\mathbf{A}\boldsymbol{x} \geq 0$ が成り立つので，任意の m 次元ベクトル $\boldsymbol{z}$ に対して $\boldsymbol{z}^\mathsf{T}\mathbf{H}^\mathsf{T}\mathbf{A}\mathbf{H}\boldsymbol{z} \geq 0$ が成り立つ．$\mathbf{B}$ は正定値対称行列なので，$\boldsymbol{z}$ が零ベクトルでないとき $\boldsymbol{z}^\mathsf{T}\mathbf{B}\boldsymbol{z} > 0$．したがって，任意の m 次元非零ベクトル $\boldsymbol{z}$ に対して，$\boldsymbol{z}^\mathsf{T}(\mathbf{H}^\mathsf{T}\mathbf{A}\mathbf{H} + \mathbf{B})\boldsymbol{z} > 0$ が成り立ち，$\mathbf{H}^\mathsf{T}\mathbf{A}\mathbf{H} + \mathbf{B}$ が正定値対称行列であることがいえる．式 (2.6) で確認したように正定値対称行列は必ず正則行列になるので，$\mathbf{H}^\mathsf{T}\mathbf{A}\mathbf{H} + \mathbf{B}$ も正則行列である． $\square$

行列 $\mathbf{H}^\mathsf{T}\mathbf{A}\mathbf{H} + \mathbf{B}$ で $\mathbf{A} = \mathbf{I}_n$, $\mathbf{B} = \xi^2\mathbf{I}_m$ とおくと，$\mathbf{H}^\mathsf{T}\mathbf{H} + \xi^2\mathbf{I}_m$ となる．単位行列 $\mathbf{I}_m$ は，$\mathbf{0}$ でない任意の m 次元実ベクトル $\boldsymbol{z}$ に対して，

$$\boldsymbol{z}^\mathsf{T}\mathbf{I}_m\boldsymbol{z} = \|\boldsymbol{z}\|^2 > 0 \tag{3.13}$$

が成り立つので正定値対称行列であり，$\xi \neq 0$ であれば $\xi^2\mathbf{I}_m$ も正定値対称行列である．したがって，定理 3.1 より，$\xi \neq 0$ のとき $\mathbf{H}^\mathsf{T}\mathbf{H} + \xi^2\mathbf{I}_m$ が逆行列を持つことが分かる．このとき，式 (3.11) は解が一意に定まり，Ψ_C を最小にする推定値 $\hat{\boldsymbol{x}}$ が式 (3.12) から求まることになる[2]．なお，$\xi \neq 0$ であれば正則になるといっても，$|\xi|$ があまりにも小さいと，解が不安定になりやすいので，実際に適用する場合には $|\xi|$ を小さくしすぎないようにする必要がある（付録 A.3 参照）．

3.3　ベイズ推定による方法

3.3.1　ベイズの定理に基づく定式化

予想をつけておいた上で実データを参照して予想を修正するという考え方は，一般的には，ベイズの定理で記述できる．ベイズの定理を式で書くと

---

[2]罰則項を付ける操作は，行列を正則にする効果があるので**正則化**ということもある．

3.3 ベイズ推定による方法

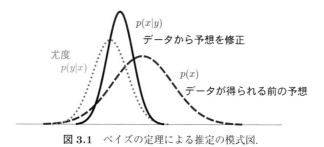

図 3.1 ベイズの定理による推定の模式図.

$$p(\boldsymbol{x}|\boldsymbol{y}) = \frac{p(\boldsymbol{y}|\boldsymbol{x})p(\boldsymbol{x})}{\int p(\boldsymbol{y}|\boldsymbol{x})p(\boldsymbol{x})\,d\boldsymbol{x}} \tag{3.14}$$

となる．この式で $p(\boldsymbol{x})$ は，$\boldsymbol{x}$ に関する事前の予想を表し，事前分布と呼ばれる．$p(\boldsymbol{y}|\boldsymbol{x})$ は，形式的には与えられた $\boldsymbol{x}$ に対してどのくらいの確率密度で $\boldsymbol{y}$ が観測されるかを表しているが，$\boldsymbol{x}$ が観測 $\boldsymbol{y}$ をどのくらいうまく説明しているかを評価するために使われる．この $p(\boldsymbol{y}|\boldsymbol{x})$ は，$\boldsymbol{x}$ の「尤もらしさ」の度合いということで尤度と呼ばれる．$p(\boldsymbol{x}|\boldsymbol{y})$ は，観測 $\boldsymbol{y}$ が与えられた下で $\boldsymbol{x}$ がその値を取る可能性の高さを表したもので，事後分布と呼ばれる．ベイズの定理による推定は，この事後分布で得られる．

図 3.1 は，$\boldsymbol{x}$ が 1 次元の場合について，ベイズの定理を使った推定を模式的に表したものである．破線が事前分布 $p(\boldsymbol{x})$，実線が事後分布 $p(\boldsymbol{x}|\boldsymbol{y})$ である．尤度 $p(\boldsymbol{y}|\boldsymbol{x})$ は $\boldsymbol{x}$ の関数として点線で示しており，与えられた観測 $\boldsymbol{y}$ をよく説明しているときに値が大きくなる．事前分布 $p(\boldsymbol{x})$ の幅は，予想の確信の度合いを表しており，予想に確信がない場合，$p(\boldsymbol{x})$ は幅の広い分布になる．観測 $\boldsymbol{y}$ の情報を取り入れた事後分布 $p(\boldsymbol{x}|\boldsymbol{y})$ は，分布の中心が尤度の高くなる方へ動き，また確信が高まるため，分布の幅も狭くなる．

式 (3.14) では，$p(\boldsymbol{x})$ などの分布の形状について特に仮定はしておらず，実際，一般のベイズ統計では様々な形状の分布が用いられる．しかし，多くのデータ同化手法では，事前分布 $p(\boldsymbol{x})$，尤度 $p(\boldsymbol{y}|\boldsymbol{x})$ を正規分布と仮定，もしくは近似する．正規分布以外の分布は取り扱いが大変でもあるので，本書でも正規分布を想定して話を進める．$\boldsymbol{x}$ の事前分布 $p(\boldsymbol{x})$

を平均が事前の予想 $\bar{\boldsymbol{x}}_b$ となる正規分布 $\mathcal{N}(\bar{\boldsymbol{x}}_b, \mathbf{P}_b)$ で与えると，確率密度関数は

$$p(\boldsymbol{x}) = \frac{1}{\sqrt{(2\pi)^m |\mathbf{P}_b|}} \exp\left[-\frac{1}{2}(\boldsymbol{x} - \bar{\boldsymbol{x}}_b)^{\top} \mathbf{P}_b^{-1}(\boldsymbol{x} - \bar{\boldsymbol{x}}_b)\right] \qquad (3.15)$$

となる．一方，$p(\boldsymbol{y}|\boldsymbol{x})$ を得るには，まず式 (3.1) の観測ノイズ $\boldsymbol{w}$ が平均 $\boldsymbol{0}$ の正規分布 $\mathcal{N}(\boldsymbol{0}, \mathbf{R})$ に従うと仮定する．すると，$\boldsymbol{w}$ の確率密度関数は

$$p(\boldsymbol{w}) = \frac{1}{\sqrt{(2\pi)^n |\mathbf{R}|}} \exp\left[-\frac{1}{2}\boldsymbol{w}^{\top} \mathbf{R}^{-1}\boldsymbol{w}\right]. \qquad (3.16)$$

式 (3.1) より，$\boldsymbol{w} = \boldsymbol{y} - \mathbf{H}\boldsymbol{x}$ なので，

$$p(\boldsymbol{y}|\boldsymbol{x}) = \frac{1}{\sqrt{(2\pi)^n |\mathbf{R}|}} \exp\left[-\frac{1}{2}(\boldsymbol{y} - \mathbf{H}\boldsymbol{x})^{\top} \mathbf{R}^{-1}(\boldsymbol{y} - \mathbf{H}\boldsymbol{x})\right] \qquad (3.17)$$

のように，$p(\boldsymbol{y}|\boldsymbol{x})$ が正規分布の形で得られる．

式 (3.15) の事前分布の分散共分散行列 $\mathbf{P}_b$ は事前の予想の不確かさを表すが，あらかじめ分かっている変数間の相関関係なども，$\mathbf{P}_b$ に組み込んでおくことができる．式 (3.17) の $\mathbf{R}$ は，観測ノイズ $\boldsymbol{w}$ の分散共分散行列で，観測の不確かさを表し，観測データ間の相関関係を考慮することもできる．なお，ここでは $\mathbf{P}_b$，$\mathbf{R}$ がどちらも正定値行列と仮定しており，したがって，$\mathbf{P}_b$ も $\mathbf{R}$ も逆行列を持つ状況を考えている．

式 (3.15)，(3.17) を式 (3.14) に代入し，$\boldsymbol{x}$ に依存しない係数部分および分母を無視すると，事後分布 $p(\boldsymbol{x}|\boldsymbol{y})$ は以下を満たすことが分かる：

$$\begin{aligned} &p(\boldsymbol{x}|\boldsymbol{y}) \\ &\propto \exp\left[-\frac{1}{2}(\boldsymbol{x} - \bar{\boldsymbol{x}}_b)^{\top} \mathbf{P}_b^{-1}(\boldsymbol{x} - \bar{\boldsymbol{x}}_b) - \frac{1}{2}(\boldsymbol{y} - \mathbf{H}\boldsymbol{x})^{\top} \mathbf{R}^{-1}(\boldsymbol{y} - \mathbf{H}\boldsymbol{x})\right]. \end{aligned}$$
$$(3.18)$$

$\boldsymbol{x}$ の推定値としては，事後確率密度 $p(\boldsymbol{x}|\boldsymbol{y})$ を最大化する

$$\hat{\boldsymbol{x}} = \arg\max_{\boldsymbol{x}} p(\boldsymbol{x}|\boldsymbol{y}) \qquad (3.19)$$

を用いるのが 1 つの考え方である．式 (3.18) で，右辺の指数部分を $-\Psi_B/2$ とおくと，

$$\Psi_B = (\boldsymbol{x} - \bar{\boldsymbol{x}}_b)^\mathsf{T} \mathbf{P}_b^{-1} (\boldsymbol{x} - \bar{\boldsymbol{x}}_b) + (\boldsymbol{y} - \mathbf{H}\boldsymbol{x})^\mathsf{T} \mathbf{R}^{-1} (\boldsymbol{y} - \mathbf{H}\boldsymbol{x}) \tag{3.20}$$

となる．$\exp(-\Psi_B/2)$ は Ψ_B の増加に対して単調に減少するので，目的関数 Ψ_B を最小にする $\boldsymbol{x}$ を求めれば，それが $p(\boldsymbol{x}|\boldsymbol{y})$ を最大化する推定値 $\hat{\boldsymbol{x}}$ になる．

式 (3.20) は，式 (3.7) の一般化になっている．実際，式 (3.20) で $\mathbf{P}_b^{-1} = \zeta^{-2}\mathbf{I}_m$，$\mathbf{R}^{-1} = \sigma^{-2}\mathbf{I}_n$ とおき，両辺に σ^2 を掛けて $\xi^2 = \sigma^2/\zeta^2$ とおくと，$\sigma^2\Psi_B$ が式 (3.7) の Ψ_C と一致する．分散共分散行列 $\mathbf{P}_b$, $\mathbf{R}$ は，それぞれ予想の確度，観測の確度などに応じて柔軟に設定できる．例えば，$\boldsymbol{x}$ の i 番目の要素 x_i に関する予想の不確かさの幅を ζ_i と表し，$\boldsymbol{x}$ の異なる要素 x_i, x_j $(i \neq j)$ の間に事前に想定される相関がないものとすれば，$\mathbf{P}_b$ は

$$\mathbf{P}_b = \begin{pmatrix} \zeta_1^2 & & & \mathbf{O} \\ & \zeta_2^2 & & \\ & & \ddots & \\ \mathbf{O} & & & \zeta_m^2 \end{pmatrix} \tag{3.21}$$

という対角行列で書くことができる．また，観測ノイズ $\boldsymbol{w} = \boldsymbol{y} - \mathbf{H}\boldsymbol{x}$ の i 番目の要素 w_i の不確かさの幅を σ_i で表し，$\boldsymbol{w}$ の異なる要素間に想定される相関がないものとすれば，

$$\mathbf{R} = \begin{pmatrix} \sigma_1^2 & & & \mathbf{O} \\ & \sigma_2^2 & & \\ & & \ddots & \\ \mathbf{O} & & & \sigma_n^2 \end{pmatrix} \tag{3.22}$$

と書ける．このとき Ψ_B は

$$\Psi_B = \sum_{i=1}^m \zeta_i^{-2}(x_i - \bar{x}_{b,i})^2 + \sum_{i=1}^n \sigma_i^{-2}\left(y_i - \sum_{j=1}^m H_{ij}x_j\right)^2 \tag{3.23}$$

となる．式 (3.23) では，$\boldsymbol{x}$, $\boldsymbol{y}$ の各要素が不確かさの逆数で重み付けされ

28   第3章 最小二乗法とベイズ推定

ており，不確かさの小さい（信用できる）情報ほど大きな重みが付いている．したがって，Ψ_B を最小化する $\boldsymbol{x}$ を求めることで，信用できる情報をより重視した推定がなされる．

3.3.2 事後分布の計算

さて，改めて式 (3.18) あるいは (3.20) に戻って議論を進めよう．$\boldsymbol{x}$ の推定値として，事後確率密度 $p(\boldsymbol{x}|\boldsymbol{y})$ を最大化する $\boldsymbol{x}$ を求めるだけであれば，式 (3.20) の目的関数 Ψ_B の微分を取って計算すればよいのだが，このあとの議論のために，ここでは事後分布 $p(\boldsymbol{x}|\boldsymbol{y})$ の形状をきちんと確認しておくことにする．そのために，Ψ_B を以下のように変形する：

$$
\begin{aligned}
\Psi_B &= \boldsymbol{x}^\mathsf{T}\mathbf{P}_b^{-1}\boldsymbol{x} - 2\bar{\boldsymbol{x}}_b^\mathsf{T}\mathbf{P}_b^{-1}\boldsymbol{x} + \bar{\boldsymbol{x}}_b^\mathsf{T}\mathbf{P}_b^{-1}\bar{\boldsymbol{x}}_b \\
&\quad + \boldsymbol{y}^\mathsf{T}\mathbf{R}^{-1}\boldsymbol{y} - 2\boldsymbol{y}^\mathsf{T}\mathbf{R}^{-1}\mathbf{H}\boldsymbol{x} + \boldsymbol{x}^\mathsf{T}\mathbf{H}^\mathsf{T}\mathbf{R}^{-1}\mathbf{H}\boldsymbol{x} \\
&= \boldsymbol{x}^\mathsf{T}(\mathbf{P}_b^{-1} + \mathbf{H}^\mathsf{T}\mathbf{R}^{-1}\mathbf{H})\boldsymbol{x} - 2(\bar{\boldsymbol{x}}_b^\mathsf{T}\mathbf{P}_b^{-1} + \boldsymbol{y}^\mathsf{T}\mathbf{R}^{-1}\mathbf{H})\boldsymbol{x} \\
&\quad + \bar{\boldsymbol{x}}_b^\mathsf{T}\mathbf{P}_b^{-1}\bar{\boldsymbol{x}}_b + \boldsymbol{y}^\mathsf{T}\mathbf{R}^{-1}\boldsymbol{y}.
\end{aligned}
\tag{3.24}
$$

ここでベクトル $\hat{\boldsymbol{x}}$ を

$$
(\mathbf{P}_b^{-1} + \mathbf{H}^\mathsf{T}\mathbf{R}^{-1}\mathbf{H})\hat{\boldsymbol{x}} = \mathbf{P}_b^{-1}\bar{\boldsymbol{x}}_b + \mathbf{H}^\mathsf{T}\mathbf{R}^{-1}\boldsymbol{y}
\tag{3.25}
$$

が成り立つように取ると，Ψ_B は

$$
\Psi_B = (\boldsymbol{x} - \hat{\boldsymbol{x}})^\mathsf{T}(\mathbf{P}_b^{-1} + \mathbf{H}^\mathsf{T}\mathbf{R}^{-1}\mathbf{H})(\boldsymbol{x} - \hat{\boldsymbol{x}}) + A
\tag{3.26}
$$

と書ける．ただし，A は $\boldsymbol{x}$ によらない定数である．式 (3.25) の右辺は

$$
\mathbf{P}_b^{-1}\bar{\boldsymbol{x}}_b + \mathbf{H}^\mathsf{T}\mathbf{R}^{-1}\boldsymbol{y} = (\mathbf{P}_b^{-1} + \mathbf{H}^\mathsf{T}\mathbf{R}^{-1}\mathbf{H})\bar{\boldsymbol{x}}_b + \mathbf{H}^\mathsf{T}\mathbf{R}^{-1}(\boldsymbol{y} - \mathbf{H}\bar{\boldsymbol{x}}_b)
$$

と変形できるので，

$$
(\mathbf{P}_b^{-1} + \mathbf{H}^\mathsf{T}\mathbf{R}^{-1}\mathbf{H})\hat{\boldsymbol{x}} = (\mathbf{P}_b^{-1} + \mathbf{H}^\mathsf{T}\mathbf{R}^{-1}\mathbf{H})\bar{\boldsymbol{x}}_b + \mathbf{H}^\mathsf{T}\mathbf{R}^{-1}(\boldsymbol{y} - \mathbf{H}\bar{\boldsymbol{x}}_b).
\tag{3.27}
$$

分散共分散行列 $\mathbf{P}_b$, $\mathbf{R}$ を正定値対称行列としておいたので，$\mathbf{P}_b^{-1}$, $\mathbf{R}^{-1}$

3.3 ベイズ推定による方法　　　29

も正定値対称行列となり，定理 3.1 により行列 $\mathbf{P}_b^{-1} + \mathbf{H}^\mathsf{T}\mathbf{R}^{-1}\mathbf{H}$ は必ず逆行列を持つ．そこで，式 (3.27) の両辺の左から $\mathbf{P}_b^{-1} + \mathbf{H}^\mathsf{T}\mathbf{R}^{-1}\mathbf{H}$ の逆行列を掛けると，$\hat{\boldsymbol{x}}$ は以下のように求まる：

$$\hat{\boldsymbol{x}} = \bar{\boldsymbol{x}}_b + (\mathbf{P}_b^{-1} + \mathbf{H}^\mathsf{T}\mathbf{R}^{-1}\mathbf{H})^{-1}\mathbf{H}^\mathsf{T}\mathbf{R}^{-1}(\boldsymbol{y} - \mathbf{H}\bar{\boldsymbol{x}}_b). \tag{3.28}$$

さらに，式 (3.26) で

$$\hat{\mathbf{P}} = (\mathbf{P}_b^{-1} + \mathbf{H}^\mathsf{T}\mathbf{R}^{-1}\mathbf{H})^{-1} \tag{3.29}$$

とおくと，式 (3.18) の事後分布 $p(\boldsymbol{x}|\boldsymbol{y})$ は

$$p(\boldsymbol{x}|\boldsymbol{y}) \propto \exp\left[-\frac{\Psi_B}{2}\right] \propto \exp\left[-\frac{1}{2}(\boldsymbol{x} - \hat{\boldsymbol{x}})^\mathsf{T}\hat{\mathbf{P}}^{-1}(\boldsymbol{x} - \hat{\boldsymbol{x}})\right] \tag{3.30}$$

の形になる．積分して 1 になるように正規化すれば，事後分布は

$$p(\boldsymbol{x}|\boldsymbol{y}) = \frac{1}{\sqrt{(2\pi)^m|\hat{\mathbf{P}}|}} \exp\left[-\frac{1}{2}(\boldsymbol{x} - \hat{\boldsymbol{x}})^\mathsf{T}\hat{\mathbf{P}}^{-1}(\boldsymbol{x} - \hat{\boldsymbol{x}})\right] \tag{3.31}$$

となる．式 (3.31) より，事後分布 $p(\boldsymbol{x}|\boldsymbol{y})$ は正規分布であり，平均ベクトル，分散共分散行列はそれぞれ式 (3.28), (3.29) で与えられる $\hat{\boldsymbol{x}}, \hat{\mathbf{P}}$ になることが分かる．$\hat{\mathbf{P}}$ は正定値行列なので，

$$(\boldsymbol{x} - \hat{\boldsymbol{x}})^\mathsf{T}\hat{\mathbf{P}}^{-1}(\boldsymbol{x} - \hat{\boldsymbol{x}}) \geq 0 \tag{3.32}$$

で等号成立は $\boldsymbol{x} = \hat{\boldsymbol{x}}$ となる．したがって，事後分布 $p(\boldsymbol{x}|\boldsymbol{y})$ を最大化する推定値としては，$\hat{\boldsymbol{x}}$ を用いればよい．推定値の信用度については，事後分布の分散共分散行列 $\hat{\mathbf{P}}$ から評価することができる．

　さて，事後分布の形状は式 (3.28), (3.29) の平均，分散共分散行列で得られるわけだが，もう少し変形しておくと便利な場合がある．まず，分散共分散行列の式 (3.29) の右辺は，

$$(\mathbf{P}_b^{-1} + \mathbf{H}^\mathsf{T}\mathbf{R}^{-1}\mathbf{H})^{-1} = \mathbf{P}_b - \mathbf{P}_b\mathbf{H}^\mathsf{T}(\mathbf{H}\mathbf{P}_b\mathbf{H}^\mathsf{T} + \mathbf{R})^{-1}\mathbf{H}\mathbf{P}_b \tag{3.33}$$

と変形することができる．実際，

$$(\mathbf{P}_b^{-1} + \mathbf{H}^\mathsf{T}\mathbf{R}^{-1}\mathbf{H})\left[\mathbf{P}_b - \mathbf{P}_b\mathbf{H}^\mathsf{T}(\mathbf{H}\mathbf{P}_b\mathbf{H}^\mathsf{T} + \mathbf{R})^{-1}\mathbf{H}\mathbf{P}_b\right]$$

$$= \mathbf{I}_m + \mathbf{H}^\mathsf{T}\mathbf{R}^{-1}\mathbf{H}\mathbf{P}_b - \mathbf{H}^\mathsf{T}(\mathbf{H}\mathbf{P}_b\mathbf{H}^\mathsf{T} + \mathbf{R})^{-1}\mathbf{H}\mathbf{P}_b$$

$$- \mathbf{H}^\mathsf{T}\mathbf{R}^{-1}\mathbf{H}\mathbf{P}_b\mathbf{H}^\mathsf{T}(\mathbf{H}\mathbf{P}_b\mathbf{H}^\mathsf{T} + \mathbf{R})^{-1}\mathbf{H}\mathbf{P}_b$$

$$= \mathbf{I}_m + \mathbf{H}^\mathsf{T}\mathbf{R}^{-1}\mathbf{H}\mathbf{P}_b - \mathbf{H}^\mathsf{T}\mathbf{R}^{-1}(\mathbf{R} + \mathbf{H}\mathbf{P}_b\mathbf{H}^\mathsf{T})(\mathbf{H}\mathbf{P}_b\mathbf{H}^\mathsf{T} + \mathbf{R})^{-1}\mathbf{H}\mathbf{P}_b$$

$$= \mathbf{I}_m$$

が成り立つ．式 (3.33) はよく用いられる公式で，ウッドベリーの公式 (Woodbury's formula) あるいは逆行列補題と呼ばれる．この公式を用いると，分散共分散行列は

$$\hat{\mathbf{P}} = \mathbf{P}_b - \mathbf{P}_b\mathbf{H}^\mathsf{T}(\mathbf{H}\mathbf{P}_b\mathbf{H}^\mathsf{T} + \mathbf{R})^{-1}\mathbf{H}\mathbf{P}_b \tag{3.34}$$

と書き換えることができる．また，平均ベクトルの式 (3.28) についても，行列 $(\mathbf{P}_b^{-1} + \mathbf{H}^\mathsf{T}\mathbf{R}^{-1}\mathbf{H})^{-1}\mathbf{H}^\mathsf{T}\mathbf{R}^{-1}$ に式 (3.33) を代入して

$$(\mathbf{P}_b^{-1} + \mathbf{H}^\mathsf{T}\mathbf{R}^{-1}\mathbf{H})^{-1}\mathbf{H}^\mathsf{T}\mathbf{R}^{-1}$$

$$= \left[\mathbf{P}_b - \mathbf{P}_b\mathbf{H}^\mathsf{T}(\mathbf{H}\mathbf{P}_b\mathbf{H}^\mathsf{T} + \mathbf{R})^{-1}\mathbf{H}\mathbf{P}_b\right]\mathbf{H}^\mathsf{T}\mathbf{R}^{-1}$$

$$= \mathbf{P}_b\mathbf{H}^\mathsf{T}\left[\mathbf{I}_n - (\mathbf{H}\mathbf{P}_b\mathbf{H}^\mathsf{T} + \mathbf{R})^{-1}\mathbf{H}\mathbf{P}_b\mathbf{H}^\mathsf{T}\right]\mathbf{R}^{-1} \tag{3.35}$$

$$= \mathbf{P}_b\mathbf{H}^\mathsf{T}(\mathbf{H}\mathbf{P}_b\mathbf{H}^\mathsf{T} + \mathbf{R})^{-1}\left[(\mathbf{H}\mathbf{P}_b\mathbf{H}^\mathsf{T} + \mathbf{R}) - \mathbf{H}\mathbf{P}_b\mathbf{H}^\mathsf{T}\right]\mathbf{R}^{-1}$$

$$= \mathbf{P}_b\mathbf{H}^\mathsf{T}(\mathbf{H}\mathbf{P}_b\mathbf{H}^\mathsf{T} + \mathbf{R})^{-1}$$

と変形できることを利用すれば，

$$\hat{\boldsymbol{x}} = \bar{\boldsymbol{x}}_b + \mathbf{P}_b\mathbf{H}^\mathsf{T}(\mathbf{H}\mathbf{P}_b\mathbf{H}^\mathsf{T} + \mathbf{R})^{-1}(\boldsymbol{y} - \mathbf{H}\bar{\boldsymbol{x}}_b) \tag{3.36}$$

のように書き換えられる．$\boldsymbol{x}$ の次元 m が $\boldsymbol{y}$ の次元 n よりも大きい場合 $(m > n)$ には，式 (3.28), (3.29) を使うよりも，式 (3.36), (3.34) を使った方が便利である．なぜなら，式 (3.28), (3.29) に現れる $m \times m$ 行列 $\mathbf{P}_b^{-1} + \mathbf{H}^\mathsf{T}\mathbf{R}^{-1}\mathbf{H}$ の逆行列の計算よりも，式 (3.36), (3.34) に現れる $n \times n$ 行列 $\mathbf{H}\mathbf{P}_b\mathbf{H}^\mathsf{T} + \mathbf{R}$ の逆行列の計算の方が，計算量が少なく済むからである．

3.3 ベイズ推定による方法   *31*

以上をまとめると，$p(\boldsymbol{x})$, $p(\boldsymbol{y}|\boldsymbol{x})$ をそれぞれ式 (3.15)，(3.17) のように正規分布で与えたとき，事後分布 $p(\boldsymbol{x}|\boldsymbol{y})$ は正規分布となり，平均ベクトル $\hat{\boldsymbol{x}}$，分散共分散行列 $\hat{\mathbf{P}}$ はそれぞれ以下のようになる．

$$
\begin{aligned}
\hat{\boldsymbol{x}} &= \bar{\boldsymbol{x}}_b + (\mathbf{P}_b^{-1} + \mathbf{H}^{\mathsf{T}}\mathbf{R}^{-1}\mathbf{H})^{-1}\mathbf{H}^{\mathsf{T}}\mathbf{R}^{-1}(\boldsymbol{y} - \mathbf{H}\bar{\boldsymbol{x}}_b) \\
&= \bar{\boldsymbol{x}}_b + \mathbf{P}_b\mathbf{H}^{\mathsf{T}}(\mathbf{H}\mathbf{P}_b\mathbf{H}^{\mathsf{T}} + \mathbf{R})^{-1}(\boldsymbol{y} - \mathbf{H}\bar{\boldsymbol{x}}_b),
\end{aligned}
\tag{3.37}
$$

$$
\begin{aligned}
\hat{\mathbf{P}} &= (\mathbf{P}_b^{-1} + \mathbf{H}^{\mathsf{T}}\mathbf{R}^{-1}\mathbf{H})^{-1} \\
&= \mathbf{P}_b - \mathbf{P}_b\mathbf{H}^{\mathsf{T}}(\mathbf{H}\mathbf{P}_b\mathbf{H}^{\mathsf{T}} + \mathbf{R})^{-1}\mathbf{H}\mathbf{P}_b.
\end{aligned}
\tag{3.38}
$$

3.3.3 1変数の場合

式 (3.37)，(3.38) による推定の振る舞いをつかむために，例として，$\boldsymbol{x}$ も $\boldsymbol{y}$ も 1 次元で $\mathbf{H} = 1$ となるような場合，つまり，$p(x) = \mathcal{N}(\bar{x}_b, P_b)$，$p(y|x) = \mathcal{N}(x, R)$ $(P_b > 0, R > 0)$ の場合を考えてみよう．このとき，事後分布の平均 $\hat{x}$，分散 $\hat{P}$ は

$$
\hat{x} = \bar{x}_b + \frac{P_b}{P_b + R}(y - \bar{x}_b) = \frac{R\bar{x}_b + P_b y}{P_b + R},
\tag{3.39}
$$

$$
\hat{P} = P_b - \frac{P_b^2}{P_b + R} = \frac{P_b R}{P_b + R}
\tag{3.40}
$$

となる．事前分布の分散 P_b は事前の予想 $\bar{x}_b$ の不確かさを表し，観測ノイズの分散 R は観測 y の不確かさを表す．式 (3.39) のように，$\hat{x}$ は $\bar{x}_b$ と y の間の値を取り，R が小さいほど，あるいは P_b が大きいほど観測 y に近い値となる．つまり，予想 $\bar{x}_b$ と比べて，観測 y が精度よく得られている場合には，事前の予想よりも観測の方が重視され，推定値 $\hat{x}$ にもそれが反映される．一方，R が大きい場合，あるいは P_b が小さい場合は予想 $\bar{x}_b$ に近い値となり，観測はあまり重視せず，事前の予想に近い値が推定値 $\hat{x}$ となる．

式 (3.40) に示す事後分布の分散 $\hat{P}$ は，推定の不確かさを表す．$P_b > 0$ および $R > 0$ としたので，

$$\hat{P} = \frac{P_b R}{P_b + R} = P_b \left(\frac{1}{1 + (P_b/R)} \right) < P_b$$

がいえる[3]．同様に $\hat{P} < R$ もいえる．このように $\hat{P}$ が P_b や R よりも小さくなることは，事前の予想と観測を合わせることで，情報の確度が上がることを反映している．ただし，$R \ll P_b$ の場合には，$\hat{x} \simeq y$，$\hat{P} \simeq R$ となる．これは，予想 $\bar{x}_b$ と比べて，観測 y が精度よく得られている場合，推定値として観測 y の値が採用され，観測ノイズの分散 R がほぼそのまま推定 $\hat{x}$ の不確かさとなることを意味する．一方，$P_b \ll R$ の場合には，$\hat{x} \simeq \bar{x}_b$，$\hat{P} \simeq P_b$ となる．

3.3.4 関数の形状の推定

式 (3.37) による推定の例として，$0 \le z \le 160$ の 1 次元の領域で定義される関数 $\rho(z)$ の形状を推定する問題を考える．ここでは，$0 \le z \le 160$ の領域を $\Delta z = 1$ の幅で離散化し，$z_0 = 0$，$z_1 = 1$，…，$z_{160} = 160$ のように与えた $\{z_0, z_1, \ldots, z_{160}\}$ の 161 点について $\rho(z_i)$ の値を推定することにする．したがって，

$$\boldsymbol{x} = \begin{pmatrix} \rho(z_0) \\ \rho(z_1) \\ \vdots \\ \rho(z_{160}) \end{pmatrix} \tag{3.41}$$

と設定したことになる．$\rho(z_i)$ についての観測データは，z_0，z_4，…，z_{160} と z が 4 進むごとに観測ノイズ w_i が付加された

$$y_i = \rho(z_i) + w_i, \ (i = 0, 4, \ldots, 160) \tag{3.42}$$

が得られ，合わせて 41 点のデータが使えるものとする．

式 (3.37) を適用するには，$\bar{\boldsymbol{x}}_b$，$\mathbf{H}$，$\mathbf{P}_b$，$\mathbf{R}$ を決める必要がある．$\bar{\boldsymbol{x}}_b$ に

---

[3] 多次元の場合でも，式 (3.38) で $\hat{\mathbf{P}}$，$\mathbf{P}_b$，および式 (3.38) の右辺第 2 項はすべて半正定値対称行列で，半正定値対称行列の対角要素はすべて 0 以上の値になることから，$\hat{\mathbf{P}}$ の対角要素は，$\mathbf{P}_b$ の対応する対角要素と同じまたはより小さい値になる．

ついては，ここでは

$$
\bar{\boldsymbol{x}}_b = \begin{pmatrix} 0 \\ \vdots \\ 0 \end{pmatrix} \tag{3.43}
$$

のように全要素が 0 のベクトルを与えることにする．行列 $\mathbf{H}$ の各要素 H_{ij} は，z が 4 進むごとに 1 つ得られるという設定に基づき，

$$
H_{ij} = \begin{cases} 1, & (j = 4i) \\ 0, & (それ以外) \end{cases} \tag{3.44}
$$

となるように与える．$\mathbf{P}_b$ の各要素 $P_{b,ij}$ は，

$$
P_{b,ij} = \zeta^2 \exp\left(-\frac{(z_i - z_j)^2}{2\lambda^2}\right) \tag{3.45}
$$

となるように与える．これは，2 つの点 z_i, z_j の間の距離が近いと共分散 $P_{b,ij}$ も大きくなるような設定になっており，近くの点では ρ の値も似ていると仮定したことになっている．なお，式 (3.45) でパラメータは $\zeta = 1$，$\lambda = 20$ と設定する．観測ノイズの分散共分散行列 $\mathbf{R}$ については，

$$
\mathbf{R} = \begin{pmatrix} 0.1^2 & & \mathbf{O} \\ & \ddots & \\ \mathbf{O} & & 0.1^2 \end{pmatrix} \tag{3.46}
$$

のような対角行列で設定する．

　ここでは，真の $\rho(z)$ が

$$
\rho(z) = \sin\left(\frac{\pi z}{40}\right) \tag{3.47}
$$

という形状になっているとし，観測データは式 (3.47) で与えられる $\rho(z_i)$ から，式 (3.42) のように観測ノイズを足して生成する．観測データを生成する際，観測ノイズは正規分布 $\mathcal{N}(\mathbf{0}, \mathbf{R})$ に従う乱数で与える．

　図 3.2 は，以上のような設定で $\rho(z_0)$, $\rho(z_1)$, $\ldots$, $\rho(z_{160})$ を推定した結果である．白丸が観測データ，灰色の点線が式 (3.47) で与えた真の値，

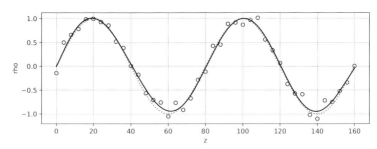

図 3.2 ベイズ推定による空間補間の例．白丸は推定に使用した観測データ，灰色の点線は真の値，黒の実線は推定値を示す．

黒の実線が式 (3.37) に基づく推定値を示している．今の設定では，161 点のうち，41 点についての観測データしか得られていない．事前分布も，平均には式 (3.43) のように $\rho(z)$ の形状に関する情報は含まれていない．しかし，式 (3.45) のように事前分布の分散共分散行列を設定することで，近くの点で ρ の値が似ているという情報が与えられており，これによって，限られた観測データでも領域全体の $\rho(z)$ の推定を実現している．

なお，式 (3.37) を利用して観測データの空間補間を行い，領域全体の推定を行うという方法は，データ同化の分野では**最適内挿法** (optimal interpolation) と呼ばれ，限られたデータからシミュレーションの初期値を作成するのに用いられる古典的な方法である．また，式 (3.45) のように 2 点間の距離に依存する共分散を与えて，観測の得られていない場所の値を推定するというやり方は，空間データの補間で用いられる**クリギング** (kriging) と呼ばれる方法の一種と見なすことができる．また，機械学習などの分野で**ガウス過程回帰** (Gaussian process regression) と呼ばれる方法も同様の考えに基づいている．

3.4 事前分布などの設定

式 (3.37), (3.38) によるベイズ推定を行う場合には，事前分布の平均 $\bar{x}_b$，分散共分散行列 $\mathbf{P}_b$ や，観測ノイズの分散共分散行列 $\mathbf{R}$ をあらかじめ設定しておく必要がある．事前分布のパラメータ $\bar{x}_b$, $\mathbf{P}_b$ は x の取り得

3.4 事前分布などの設定

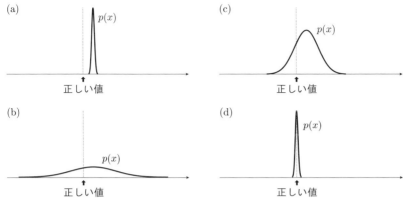

図 3.3 色々な予想（事前分布）.

る範囲に応じて与え，$\mathbf{R}$ については $\mathbf{H}\boldsymbol{x}$ と観測 $\boldsymbol{y}$ との間にどのくらいのずれを許容するかに応じて与えるのが基本的なやり方ではあるが，特に根拠なく与えることも多い．

とはいえ，事前分布などのパラメータは，推定結果にも大きく影響する．例えば，図 3.3(a) のように分散の小さい（幅の狭い）分布を事前分布に設定したとする．事前に正しい $\boldsymbol{x}$ の値は分からないので，事前分布の平均が正しい値からずれていたとすると，幅の狭い事前分布では，可能性が高いと評価した範囲に正しい値が含まれないことになる．このような場合，観測の情報を取り入れたとしても，推定結果は正しい値から外れたものになる．一方，平均 $\bar{x}_b$ が同じでも，図 3.3(b) のように事前分布の分散を非常に大きく設定すれば，恐らく，事前分布の想定する範囲に正しい値が含まれることになる．ただし，事前分布の分散を大きくしすぎると，事前の予想がほとんど活用されなくなり，観測誤差の影響を受けやすくなる．したがって，図 3.3(c) のように，想定する範囲に正しい値が含まれる程度の適切な分散を設定するのが望ましい．適切な事前分布の分散の値は，事前に立てる予想の精度にも依存する．正しい値が高い精度で予測できているなら，その予測を信頼して，図 3.3(d) のように分散を小さく取ればよいからである．第 4 章から第 6 章までで議論する逐次データ同化の手法では，図 3.3(d) のようなよい事前分布を目指す仕組みを導入する．

3.5 $\mathbf{P}_b$ が非正則な場合

3.3 節の議論では，事前分布の分散共分散行列 $\mathbf{P}_b$ が逆行列を持つことを仮定してきた．実際，式 (3.37), (3.38) それぞれの 1 行目は，$\mathbf{P}_b$ の逆行列が含まれており，$\mathbf{P}_b$ が非正則の場合には成り立たない．しかし実をいうと，$\mathbf{P}_b$ が非正則であっても，式 (3.37), (3.38) それぞれの 2 行目の式

$$\hat{\boldsymbol{x}} = \bar{\boldsymbol{x}}_b + \mathbf{P}_b \mathbf{H}^\mathsf{T} (\mathbf{H}\mathbf{P}_b\mathbf{H}^\mathsf{T} + \mathbf{R})^{-1}(\boldsymbol{y} - \mathbf{H}\bar{\boldsymbol{x}}_b), \tag{3.48}$$

$$\hat{\mathbf{P}} = \mathbf{P}_b - \mathbf{P}_b \mathbf{H}^\mathsf{T} (\mathbf{H}\mathbf{P}_b\mathbf{H}^\mathsf{T} + \mathbf{R})^{-1}\mathbf{H}\mathbf{P}_b \tag{3.49}$$

は成り立つ．したがって，$\mathbf{P}_b$ が非正則の場合でも，観測ノイズの分散共分散行列 $\mathbf{R}$ が正則であれば，式 (3.48), (3.49) で事後分布の平均，分散共分散行列を求めることができる．以下でこのことを確認するが，そこまで細かいことは気にしないという方は，本節を読み飛ばしていただいても次章以降の内容の理解には支障ない．

さて，問題を扱いやすくするために，$\mathbf{P}_b$ の固有値分解

$$\mathbf{P}_b = \mathbf{U}\boldsymbol{\Lambda}\mathbf{U}^\mathsf{T} \tag{3.50}$$

を考える．行列 $\mathbf{U}$, $\boldsymbol{\Lambda}$ は，それぞれ $\mathbf{P}_b$ の固有ベクトル $\boldsymbol{u}_1,\ldots,\boldsymbol{u}_m$, 固有値 $\lambda_1,\ldots,\lambda_r$ を用いて，

$$\mathbf{U} = \begin{pmatrix} \boldsymbol{u}_1 & \cdots & \boldsymbol{u}_m \end{pmatrix}, \quad \boldsymbol{\Lambda} = \begin{pmatrix} \lambda_1 & & & & & & \mathbf{O} \\ & \ddots & & & & & \\ & & \lambda_r & & & & \\ & & & 0 & & & \\ & & & & \ddots & & \\ \mathbf{O} & & & & & & 0 \end{pmatrix}$$

$$\tag{3.51}$$

のように書くことができる．ただし，r は行列 $\mathbf{P}_b$ の階数であり，また $\lambda_1 > \cdots > \lambda_r > 0$ とする．$\mathbf{P}_b$ が非正則なので，r は $\boldsymbol{x}$ の次元 m より

も小さい．すなわち $r < m$ である．

　分散共分散行列 $\mathbf{P}_b$ は実対称行列なので，行列 $\mathbf{U}$ は直交行列であり，$\boldsymbol{u}_1, \ldots, \boldsymbol{u}_m$ は m 次元ベクトル空間の正規直交基底をなす．$\mathbf{U}, \boldsymbol{\Lambda}$ について，$m - r$ 個の 0 固有値に対応する要素を削った

$$\check{\mathbf{U}} = \begin{pmatrix} \boldsymbol{u}_1 & \cdots & \boldsymbol{u}_r \end{pmatrix}, \qquad \check{\boldsymbol{\Lambda}} = \begin{pmatrix} \lambda_1 & & \mathbf{O} \\ & \ddots & \\ \mathbf{O} & & \lambda_r \end{pmatrix} \tag{3.52}$$

という行列を考えると，$\mathbf{P}_b$ は

$$\mathbf{P}_b = \check{\mathbf{U}} \check{\boldsymbol{\Lambda}} \check{\mathbf{U}}^\mathsf{T} \tag{3.53}$$

と書き直すこともできる．ここで，正規分布 $\mathcal{N}(\mathbf{0}, \check{\boldsymbol{\Lambda}})$ に従う r 次元の確率変数 $\boldsymbol{z}$ を導入する．$\boldsymbol{x}$ は正規分布 $\mathcal{N}(\bar{\boldsymbol{x}}_b, \mathbf{P}_b)$ に従う確率変数となるので，

$$\boldsymbol{x} = \bar{\boldsymbol{x}}_b + \check{\mathbf{U}} \boldsymbol{z} \tag{3.54}$$

とすれば，$\mathcal{N}(\bar{\boldsymbol{x}}_b, \mathbf{P}_b)$ は $\boldsymbol{z}$ で表現できる．行列 $\check{\boldsymbol{\Lambda}}$ は正則なので，$\boldsymbol{z}$ の確率密度関数は，

$$p(\boldsymbol{z}) = \frac{1}{\sqrt{(2\pi)^r}} \exp\left[-\frac{1}{2} \boldsymbol{z}^\mathsf{T} \check{\boldsymbol{\Lambda}}^{-1} \boldsymbol{z} \right] \tag{3.55}$$

のように書くことができる．そこで，事前分布は式 (3.15) の代わりに式 (3.55) および (3.54) で表現し，尤度 $p(\boldsymbol{y}|\boldsymbol{x})$ についてはそのまま式 (3.17) を用いて，事後分布を計算することにする．式 (3.17) に式 (3.54) を代入すると，

$$p(\boldsymbol{y}|\boldsymbol{z})$$
$$= \frac{1}{\sqrt{(2\pi)^n |\mathbf{R}|}} \exp\left[-\frac{1}{2} (\boldsymbol{y} - \mathbf{H}\bar{\boldsymbol{x}}_b - \mathbf{H}\check{\mathbf{U}}\boldsymbol{z})^\mathsf{T} \mathbf{R}^{-1} (\boldsymbol{y} - \mathbf{H}\bar{\boldsymbol{x}}_b - \mathbf{H}\check{\mathbf{U}}\boldsymbol{z}) \right].$$
$$\tag{3.56}$$

式 (3.15), (3.17) から $\boldsymbol{x}$ の事後分布の平均ベクトル，分散共分散行列を求

めると式 (3.37), (3.38) が得られるので，同様にすれば，z の事後分布の平均ベクトル $\hat{z}$，分散共分散行列 $\mathbf{P}_z$ も以下のように得ることができる：

$$\hat{z} = \check{\boldsymbol{\Lambda}}\check{\mathbf{U}}^{\mathsf{T}}\mathbf{H}^{\mathsf{T}}(\mathbf{H}\check{\mathbf{U}}\check{\boldsymbol{\Lambda}}\check{\mathbf{U}}^{\mathsf{T}}\mathbf{H}^{\mathsf{T}} + \mathbf{R})^{-1}(\boldsymbol{y} - \mathbf{H}\bar{\boldsymbol{x}}_b), \tag{3.57}$$

$$\hat{\mathbf{P}}_z = \check{\boldsymbol{\Lambda}} - \check{\boldsymbol{\Lambda}}\check{\mathbf{U}}^{\mathsf{T}}\mathbf{H}^{\mathsf{T}}(\mathbf{H}\check{\mathbf{U}}\check{\boldsymbol{\Lambda}}\check{\mathbf{U}}^{\mathsf{T}}\mathbf{H}^{\mathsf{T}} + \mathbf{R})^{-1}\mathbf{H}\check{\mathbf{U}}\check{\boldsymbol{\Lambda}}. \tag{3.58}$$

$\boldsymbol{x}$ が式 (3.54) で表されることから，$\boldsymbol{x}$ の事後分布の平均ベクトル $\hat{\boldsymbol{x}}$，分散共分散行列 $\hat{\mathbf{P}}$ は以下のように得ることができる．

$$\begin{aligned}
\hat{\boldsymbol{x}} &= \bar{\boldsymbol{x}}_b + \check{\mathbf{U}}\hat{z} \\
&= \bar{\boldsymbol{x}}_b + \check{\mathbf{U}}\check{\boldsymbol{\Lambda}}\check{\mathbf{U}}^{\mathsf{T}}\mathbf{H}^{\mathsf{T}}(\mathbf{H}\check{\mathbf{U}}\check{\boldsymbol{\Lambda}}\check{\mathbf{U}}^{\mathsf{T}}\mathbf{H}^{\mathsf{T}} + \mathbf{R})^{-1}(\boldsymbol{y} - \mathbf{H}\bar{\boldsymbol{x}}_b) \\
&= \bar{\boldsymbol{x}}_b + \mathbf{P}_b\mathbf{H}^{\mathsf{T}}(\mathbf{H}\mathbf{P}_b\mathbf{H}^{\mathsf{T}} + \mathbf{R})^{-1}(\boldsymbol{y} - \mathbf{H}\bar{\boldsymbol{x}}_b),
\end{aligned} \tag{3.59}$$

$$\begin{aligned}
\hat{\mathbf{P}} &= \check{\mathbf{U}}\left(\check{\boldsymbol{\Lambda}} - \check{\boldsymbol{\Lambda}}\check{\mathbf{U}}^{\mathsf{T}}\mathbf{H}^{\mathsf{T}}(\mathbf{H}\check{\mathbf{U}}\check{\boldsymbol{\Lambda}}\check{\mathbf{U}}^{\mathsf{T}}\mathbf{H}^{\mathsf{T}} + \mathbf{R})^{-1}\mathbf{H}\check{\mathbf{U}}\check{\boldsymbol{\Lambda}}\right)\check{\mathbf{U}}^{\mathsf{T}} \\
&= \check{\mathbf{U}}\check{\boldsymbol{\Lambda}}\check{\mathbf{U}}^{\mathsf{T}} - \check{\mathbf{U}}\check{\boldsymbol{\Lambda}}\check{\mathbf{U}}^{\mathsf{T}}\mathbf{H}^{\mathsf{T}}(\mathbf{H}\check{\mathbf{U}}\check{\boldsymbol{\Lambda}}\check{\mathbf{U}}^{\mathsf{T}}\mathbf{H}^{\mathsf{T}} + \mathbf{R})^{-1}\mathbf{H}\check{\mathbf{U}}\check{\boldsymbol{\Lambda}}\check{\mathbf{U}}^{\mathsf{T}} \\
&= \mathbf{P}_b - \mathbf{P}_b\mathbf{H}^{\mathsf{T}}(\mathbf{H}\mathbf{P}_b\mathbf{H}^{\mathsf{T}} + \mathbf{R})^{-1}\mathbf{H}\mathbf{P}_b.
\end{aligned} \tag{3.60}$$

これは，式 (3.48), (3.49) と同じ結果，つまり式 (3.37), (3.38) のそれぞれの 2 行目と同じ結果である．したがって，$\mathbf{P}_b$ が非正則であっても，同じ式で事後分布の平均，分散共分散行列を求めればよい．

第4章

逐次データ同化とカルマンフィルタ

4.1 逐次データ同化の考え方

前章で述べたベイズ推定では，x について観測 y を得る前に立てた予想を事前分布 $p(x)$ の形で与えることで，予想を考慮した推定を行うことができる．このとき，図 3.3(d) のようなよい予想を与えた方が，推定結果もよいものになる．そこで，よい予想が得られるようにするために，推定したい時刻よりも前の時刻で得られた観測データを活用することを考える．このとき，推定したい時刻を異なる時刻のデータと関連付けるためにシミュレーションモデルが利用できる．過去の観測データとシミュレーションモデルに基づいて推定したい時刻の予測を行い，それを事前分布として用いるというのが，以下で説明する**逐次データ同化**の基本的な考え方となる．

前章では，式 (1.7a), (1.7b) で導入した状態空間モデル

$$x_k = f(x_{k-1}) + v_k, \tag{4.1}$$

$$y_k = \mathbf{H}_k x_k + w_k \tag{4.2}$$

のうち，後者の観測モデルのみによる推定を考え，時間発展を考えなかったが，改めて，式 (4.1) のシミュレーションモデルに基づくシステムモデルを考慮に入れ，時刻 t_k の状態 x_k を推定することを考えよう．なお，本書ではシステムノイズ v_k，観測ノイズ w_k がそれぞれ

$$p(\boldsymbol{v}_k) = \frac{1}{\sqrt{(2\pi)^m |\mathbf{Q}_k|}} \exp\left[-\frac{1}{2}\boldsymbol{v}_k^\mathsf{T}\mathbf{Q}_k^{-1}\boldsymbol{v}_k\right], \tag{4.3}$$

$$p(\boldsymbol{w}_k) = \frac{1}{\sqrt{(2\pi)^n |\mathbf{R}_k|}} \exp\left[-\frac{1}{2}\boldsymbol{w}_k^\mathsf{T}\mathbf{R}_k^{-1}\boldsymbol{w}_k\right] \tag{4.4}$$

のように正規分布 $\mathcal{N}(\mathbf{0}, \mathbf{Q}_k)$, $\mathcal{N}(\mathbf{0}, \mathbf{R}_k)$ に従うものと仮定する．現実の問題では，正規分布の仮定が必ずしも妥当とはいえない場合もあるが，逐次データ同化のための手法においては，正規分布を仮定するのが基本となるため，このような仮定をおく．

式 (4.2) の観測モデルが与えられると，式 (3.17) と同様にして $\boldsymbol{x}_k$ の尤度 $p(\boldsymbol{y}_k|\boldsymbol{x}_k)$ が得られる．さらに，事前分布 $p(\boldsymbol{x}_k)$ が与えられれば，式 (3.14) のベイズの定理によって観測 $\boldsymbol{y}_k$ を用いた事後分布

$$p(\boldsymbol{x}_k|\boldsymbol{y}_k) = \frac{p(\boldsymbol{y}_k|\boldsymbol{x}_k)p(\boldsymbol{x}_k)}{\int p(\boldsymbol{y}_k|\boldsymbol{x}_k)p(\boldsymbol{x}_k)\,d\boldsymbol{x}_k} \tag{4.5}$$

が得られ，状態 $\boldsymbol{x}_k$ が推定できる．ここで，事前分布 $p(\boldsymbol{x}_k)$ を作るときに時刻 t_1 から $t_{k-1}(< t_k)$ までの観測の情報 $\boldsymbol{y}_1, \boldsymbol{y}_2, \ldots, \boldsymbol{y}_{k-1}$ を利用することを考えよう．以下では，この観測データの時系列 $\boldsymbol{y}_1, \boldsymbol{y}_2, \ldots, \boldsymbol{y}_{k-1}$ をまとめて $\boldsymbol{y}_{1:k-1}$ と表記することにする．時刻 t_{k-1} までの観測データ $\boldsymbol{y}_{1:k-1}$ の情報を踏まえた事前分布は $p(\boldsymbol{x}_k|\boldsymbol{y}_{1:k-1})$ という条件付き分布で表す．この条件付き分布のことを**予測分布**，または**一期先予測分布**と呼ぶ．とりあえず，何らかの方法で予測分布 $p(\boldsymbol{x}_k|\boldsymbol{y}_{1:k-1})$ が得られたとし，これを事前分布として，ベイズの定理を適用すると

$$\begin{aligned} p(\boldsymbol{x}_k|\boldsymbol{y}_{1:k}) &= p(\boldsymbol{x}_k|\boldsymbol{y}_{1:k-1}, \boldsymbol{y}_k) \\ &= \frac{p(\boldsymbol{y}_k|\boldsymbol{x}_k, \boldsymbol{y}_{1:k-1})p(\boldsymbol{x}_k|\boldsymbol{y}_{1:k-1})}{\int p(\boldsymbol{y}_k|\boldsymbol{x}_k, \boldsymbol{y}_{1:k-1})p(\boldsymbol{x}_k|\boldsymbol{y}_{1:k-1})\,d\boldsymbol{x}_k} \end{aligned} \tag{4.6}$$

のように，時刻 t_1 から t_k までの観測 $\boldsymbol{y}_{1:k}$（つまり $\boldsymbol{y}_1, \ldots, \boldsymbol{y}_k$）の情報を反映した $\boldsymbol{x}_k$ の分布 $p(\boldsymbol{x}_k|\boldsymbol{y}_{1:k})$ が得られる．

式 (4.2) の観測モデルより，$\boldsymbol{y}_k$ は $\boldsymbol{x}_k$ が与えられれば，観測ノイズ $\boldsymbol{w}_k$ 以外のものからの影響を受けない．したがって，$\boldsymbol{w}_k$ が過去の観測 $\boldsymbol{y}_{1:k-1}$ と独立であれば，

$$p(\boldsymbol{y}_k|\boldsymbol{x}_k, \boldsymbol{y}_{1:k-1}) = p(\boldsymbol{y}_k|\boldsymbol{x}_k) \tag{4.7}$$

がいえる. 式 (4.7) が成り立つ状況のことを, $\boldsymbol{x}_k$ が与えられた下で $\boldsymbol{y}_k$ と $\boldsymbol{y}_{1:k-1}$ とが**条件付き独立**であるという. これを式 (4.6) に代入すると,

$$p(\boldsymbol{x}_k|\boldsymbol{y}_{1:k}) = \frac{p(\boldsymbol{y}_k|\boldsymbol{x}_k)p(\boldsymbol{x}_k|\boldsymbol{y}_{1:k-1})}{\int p(\boldsymbol{y}_k|\boldsymbol{x}_k)p(\boldsymbol{x}_k|\boldsymbol{y}_{1:k-1})\,d\boldsymbol{x}_k} \tag{4.8}$$

となり, 式 (4.5) の事前分布 $p(\boldsymbol{x}_k)$ を予測分布 $p(\boldsymbol{x}_k|\boldsymbol{y}_{1:k-1})$ に置き換えた式が得られる. 式 (4.5) では, $\boldsymbol{x}_k$ と同時刻に得られた観測 $\boldsymbol{y}_k$ のみの情報で推定を行っていたが, 式 (4.8) のように $\boldsymbol{y}_k$ に加えて過去の観測 $\boldsymbol{y}_{1:k-1}$ も利用することで, $\boldsymbol{y}_k$ の情報を補完し, よりよい推定が得られることが期待できる. 式 (4.8) で得られる分布 $p(\boldsymbol{x}_k|\boldsymbol{y}_{1:k})$ は, **フィルタ分布**と呼び, フィルタ分布を求める操作を**フィルタリング**と呼ぶ.

さて, 式 (4.8) を適用するには予測分布 $p(\boldsymbol{x}_k|\boldsymbol{y}_{1:k-1})$ が必要となる. これを求めるには, 1つ前の時間ステップ t_{k-1} における $\boldsymbol{x}_{k-1}$ のフィルタ分布 $p(\boldsymbol{x}_{k-1}|\boldsymbol{y}_{1:k-1})$ と, システムモデル

$$\boldsymbol{x}_k = \boldsymbol{f}(\boldsymbol{x}_{k-1}) + \boldsymbol{v}_k \tag{4.1}$$

を用いる. このシステムモデルにおいて, $\boldsymbol{x}_{k-1}$ が t_{k-1} までの観測 $\boldsymbol{y}_{1:k-1}$ で条件付けられた分布 $p(\boldsymbol{x}_{k-1}|\boldsymbol{y}_{1:k-1})$ に従うものとすると, 右辺第1項の $\boldsymbol{f}(\boldsymbol{x}_{k-1})$ は $\boldsymbol{y}_{1:k-1}$ で条件付けられた確率分布に従う. これにシステムノイズ $\boldsymbol{v}_k$ の寄与を考慮すれば, t_{k-1} までの観測 $\boldsymbol{y}_{1:k-1}$ を考慮した $\boldsymbol{x}_k$ の予測分布 $p(\boldsymbol{x}_k|\boldsymbol{y}_{1:k-1})$ が得られる. t_{k-1} におけるフィルタ分布から t_k における予測分布を求める操作は, **一期先予測**と呼ばれる.

今述べたことから, 状態空間モデルが与えられていれば, $\boldsymbol{x}_{k-1}$ のフィルタ分布 $p(\boldsymbol{x}_{k-1}|\boldsymbol{y}_{1:k-1})$ から $\boldsymbol{x}_k$ の予測分布 $p(\boldsymbol{x}_k|\boldsymbol{y}_{1:k-1})$ を求めることができ, そこから $\boldsymbol{x}_k$ のフィルタ分布 $p(\boldsymbol{x}_k|\boldsymbol{y}_{1:k})$ を求めることができる (図 4.1). この手順を各時刻 t_k ($k = 1, \ldots, K$) について行えば, 以下のようにして, 各時刻 t_k ($k = 1, \ldots, K$) における $\boldsymbol{x}_k$ のフィルタ分布 $p(\boldsymbol{x}_k|\boldsymbol{y}_{1:k})$ を得ることができる.

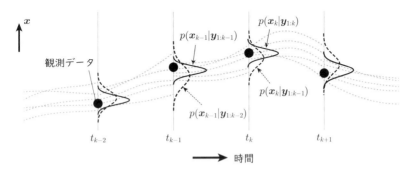

図 4.1 逐次データ同化の概念図. t_{k-1} における $p(\bm{x}_{k-1}|\bm{y}_{1:k-1})$ からシステムモデル (4.1) を用いて t_k における $p(\bm{x}_k|\bm{y}_{1:k-1})$（太い破線）を求める. さらにベイズの定理で t_k の観測データ $\bm{y}_k$ の情報を取り入れると $p(\bm{x}_k|\bm{y}_{1:k})$（太い実線）を求めることができる.

1. まず，時刻 t_1 における状態 $\bm{x}_1$ の事前分布 $p(\bm{x}_1)$ から，観測 $\bm{y}_1$ が得られた下での事後分布 $p(\bm{x}_1|\bm{y}_1)$ を求める.
2. $k = 2, \ldots, K$ について以下を繰り返す.
   (a) 時刻 t_{k-1} における状態 $\bm{x}_{k-1}$ についてのフィルタ分布 $p(\bm{x}_{k-1}|\bm{y}_{1:k-1})$ と式 (4.1) のシステムモデルから，時刻 t_k の状態 $\bm{x}_k$ の予測分布 $p(\bm{x}_k|\bm{y}_{1:k-1})$ を求める.
   (b) 予測分布 $p(\bm{x}_k|\bm{y}_{1:k-1})$ と観測モデルから得られる尤度 $p(\bm{y}_k|\bm{x}_k)$ を用いて，式 (4.8) で与えられるフィルタ分布 $p(\bm{x}_k|\bm{y}_{1:k})$ を得る.

このように逐次的に各時刻の状態 $\bm{x}_k$ の推定を行う手続きを，**逐次ベイズ推定**と呼んでいる. このあと説明するカルマンフィルタやアンサンブルカルマンフィルタなどの手法は，逐次ベイズ推定の枠組みに基づいて，予測分布，フィルタ分布の形状を求める具体的な手段となる.

4.2　カルマンフィルタ

以下で，逐次ベイズ推定を実現する具体的な計算手法について説明していくが，本章では，式 (4.1), (4.2) の状態空間モデルにおいて，シミュレーションによる時間発展を表す関数 $\bm{f}$ が線型の場合を議論する. 線型

とは $\mathbf{F}$ を行列として $\boldsymbol{f}(\boldsymbol{x}) = \mathbf{F}\boldsymbol{x}$ の形に書けるという意味である．このとき状態空間モデルは，

$$\boldsymbol{x}_k = \mathbf{F}\boldsymbol{x}_{k-1} + \boldsymbol{v}_k, \tag{4.9}$$

$$\boldsymbol{y}_k = \mathbf{H}_k\boldsymbol{x}_k + \boldsymbol{w}_k \tag{4.10}$$

と書ける．状態ベクトル $\boldsymbol{x}_k$ の次元を m，観測ベクトル $\boldsymbol{y}_k$ の次元を n とおくと，$\mathbf{F}$ は $m \times m$ の正方行列，$\mathbf{H}_k$ は $n \times m$ の行列である．システムノイズ $\boldsymbol{v}_k$，観測ノイズ $\boldsymbol{w}_k$ は式 (4.3), (4.4) に示したように正規分布に従うと仮定する．このような設定の下で，逐次ベイズ推定を行うアルゴリズムが**カルマンフィルタ** (Kalman filter) である．

　まず，時刻 t_{k-1} までの観測 $\boldsymbol{y}_{1:k-1}$ が与えられた下での $\boldsymbol{x}_{k-1}$ のフィルタ分布 $p(\boldsymbol{x}_{k-1}|\boldsymbol{y}_{1:k-1})$ が正規分布だったとして，そのフィルタ分布の平均，分散共分散行列をそれぞれ $\bar{\boldsymbol{x}}_{k-1|k-1}$, $\mathbf{P}_{k-1|k-1}$ と表すことにする．このとき，$\boldsymbol{y}_{1:k-1}$ が与えられた下で式 (4.9) の右辺第 1 項 $\mathbf{F}\boldsymbol{x}_{k-1}$ が従う確率分布は，定理 2.1 により，平均 $\mathbf{F}\bar{\boldsymbol{x}}_{k-1|k-1}$，分散共分散行列 $\mathbf{F}\mathbf{P}_{k-1|k-1}\mathbf{F}^{\mathsf{T}}$ の正規分布となる．システムノイズ $\boldsymbol{v}_k$ が $\boldsymbol{x}_{k-1}$ や $\boldsymbol{y}_{1:k-1}$ と独立に式 (4.3) の正規分布に従うものとすると，式 (4.9) で与えられる $\boldsymbol{x}_k$ は独立な正規分布に従う 2 つの確率変数 $\mathbf{F}\boldsymbol{x}_{k-1}$, $\boldsymbol{v}_k$ の和となる．したがって，定理 2.2 により，$\boldsymbol{y}_{1:k-1}$ が与えられた下での $\boldsymbol{x}_k$ の分布 $p(\boldsymbol{x}_k|\boldsymbol{y}_{1:k-1})$ は，正規分布 $\mathcal{N}(\mathbf{F}\bar{\boldsymbol{x}}_{k-1|k-1}, \mathbf{F}\mathbf{P}_{k-1|k-1}\mathbf{F}^{\mathsf{T}} + \mathbf{Q}_k)$ となる．このあとの計算のために，予測分布 $p(\boldsymbol{x}_k|\boldsymbol{y}_{1:k-1})$ の平均ベクトルを $\bar{\boldsymbol{x}}_{k|k-1}$，分散共分散行列を $\mathbf{P}_{k|k-1}$ とおくと，

$$\bar{\boldsymbol{x}}_{k|k-1} = \mathbf{F}\bar{\boldsymbol{x}}_{k-1|k-1}, \tag{4.11}$$

$$\mathbf{P}_{k|k-1} = \mathbf{F}\mathbf{P}_{k-1|k-1}\mathbf{F}^{\mathsf{T}} + \mathbf{Q}_k \tag{4.12}$$

と書ける．なお，$\bar{\boldsymbol{x}}_{k|k-1}$ や $\mathbf{P}_{k|k-1}$ の添え字 "$k|k-1$" は，縦棒の左側の "k" で時刻 t_k における状態 $\boldsymbol{x}_k$ についての平均や分散共分散行列であることを示しており，縦棒の右側の "$k-1$" で時刻 t_{k-1} までの観測 $\boldsymbol{y}_{1:k-1}$ で条件付けられていることを示している．

　予測分布 $p(\boldsymbol{x}_k|\boldsymbol{y}_{1:k-1})$ が正規分布 $\mathcal{N}(\bar{\boldsymbol{x}}_{k|k-1}, \mathbf{P}_{k|k-1})$ で与えられると

き，ベイズの定理を適用して t_k におけるフィルタ分布 $p(\boldsymbol{x}_k|\boldsymbol{y}_{1:k})$ を求めることができる．予測分布の確率密度関数は

$$p(\boldsymbol{x}_k|\boldsymbol{y}_{1:k-1})$$
$$= \frac{1}{\sqrt{(2\pi)^m|\mathbf{P}_{k|k-1}|}} \exp\left[-\frac{1}{2}(\boldsymbol{x}_k - \bar{\boldsymbol{x}}_{k|k-1})^\mathsf{T}\mathbf{P}_{k|k-1}^{-1}(\boldsymbol{x}_k - \bar{\boldsymbol{x}}_{k|k-1})\right].$$
$$\tag{4.13}$$

観測ノイズを式 (4.4) の正規分布に従うとしたので，観測 $\boldsymbol{y}_k$ を与えた下での $\boldsymbol{x}_k$ の尤度は式 (3.17) と同様の形で

$$p(\boldsymbol{y}_k|\boldsymbol{x}_k) = \frac{1}{\sqrt{(2\pi)^n|\mathbf{R}_k|}} \exp\left[-\frac{1}{2}(\boldsymbol{y}_k - \mathbf{H}_k\boldsymbol{x}_k)^\mathsf{T}\mathbf{R}_k^{-1}(\boldsymbol{y}_k - \mathbf{H}_k\boldsymbol{x}_k)\right]$$
$$\tag{4.14}$$

と書ける．フィルタ分布は，予測分布 $p(\boldsymbol{x}_k|\boldsymbol{y}_{1:k-1})$ を事前分布としたときの事後分布であり，予測分布と尤度が正規分布なので，3.3 節の結果からフィルタ分布も正規分布となる．フィルタ分布の平均ベクトルを $\bar{\boldsymbol{x}}_{k|k}$，分散共分散行列を $\mathbf{P}_{k|k}$ と書くことにすると，式 (3.37), (3.38) の結果をそのまま使って

$$\bar{\boldsymbol{x}}_{k|k} = \bar{\boldsymbol{x}}_{k|k-1} + \mathbf{P}_{k|k-1}\mathbf{H}_k^\mathsf{T}(\mathbf{H}_k\mathbf{P}_{k|k-1}\mathbf{H}_k^\mathsf{T} + \mathbf{R}_k)^{-1}(\boldsymbol{y}_k - \mathbf{H}_k\bar{\boldsymbol{x}}_{k|k-1}),$$
$$\tag{4.15}$$

$$\mathbf{P}_{k|k} = \mathbf{P}_{k|k-1} - \mathbf{P}_{k|k-1}\mathbf{H}_k^\mathsf{T}(\mathbf{H}_k\mathbf{P}_{k|k-1}\mathbf{H}_k^\mathsf{T} + \mathbf{R}_k)^{-1}\mathbf{H}_k\mathbf{P}_{k|k-1} \tag{4.16}$$

を得る．これで，フィルタ分布は得られているのだが，

$$\mathbf{K}_k = \mathbf{P}_{k|k-1}\mathbf{H}_k^\mathsf{T}(\mathbf{H}_k\mathbf{P}_{k|k-1}\mathbf{H}_k^\mathsf{T} + \mathbf{R}_k)^{-1} \tag{4.17}$$

で定義される行列 $\mathbf{K}_k$ を導入すると，式 (4.15), (4.16) は $\mathbf{I}_m$ を m 次の単位行列として，

$$\bar{\boldsymbol{x}}_{k|k} = \bar{\boldsymbol{x}}_{k|k-1} + \mathbf{K}_k(\boldsymbol{y}_k - \mathbf{H}_k\bar{\boldsymbol{x}}_{k|k-1}), \tag{4.18}$$

$$\mathbf{P}_{k|k} = (\mathbf{I}_m - \mathbf{K}_k\mathbf{H}_k)\mathbf{P}_{k|k-1} \tag{4.19}$$

のように整理できる．カルマンフィルタでは通常こちらの書き方をする．
行列 $\mathbf{K}_k$ は**カルマンゲイン**と呼ばれる．

　予測分布，フィルタ分布が正規分布になると仮定して，式 (4.11)，
(4.12)，(4.15)，(4.16) によって逐次ベイズ推定を行うのがカルマンフィ
ルタのアルゴリズムである．まとめるとアルゴリズム 1 のようになる．

アルゴリズム 1　カルマンフィルタ

1: $p(\boldsymbol{x}_0)$ の平均ベクトル $\bar{\boldsymbol{x}}_{0|0}$，分散共分散行列 $\mathbf{P}_{0|0}$ を与える．
2: **for** $k := 1, \ldots, K$ **do** $\qquad\qquad\qquad\qquad \triangleright \# k$ は時間ステップ
　 # [一期先予測]
3: 　　 $\bar{\boldsymbol{x}}_{k|k-1} := \mathbf{F}\bar{\boldsymbol{x}}_{k-1|k-1}$
4: 　　 $\mathbf{P}_{k|k-1} := \mathbf{F}\mathbf{P}_{k-1|k-1}\mathbf{F}^\top + \mathbf{Q}_k$

　 # [フィルタリング]
5: 　　 $\mathbf{K}_k := \mathbf{P}_{k|k-1}\mathbf{H}_k^\top(\mathbf{H}_k\mathbf{P}_{k|k-1}\mathbf{H}_k^\top + \mathbf{R}_k)^{-1}$
6: 　　 $\bar{\boldsymbol{x}}_{k|k} := \bar{\boldsymbol{x}}_{k|k-1} + \mathbf{K}_k(\boldsymbol{y}_k - \mathbf{H}_k\bar{\boldsymbol{x}}_{k|k-1})$
7: 　　 $\mathbf{P}_{k|k} := (\mathbf{I}_m - \mathbf{K}_k\mathbf{H}_k)\mathbf{P}_{k|k-1}$
8: **end for**

　各時間ステップ k で得られる $\bar{\boldsymbol{x}}_{k|k}$ をフィルタ推定値と呼ぶ．なお，ア
ルゴリズムを見ても分かるように，カルマンフィルタでは時刻 t_0 におけ
る分布の平均 $\bar{\boldsymbol{x}}_{0|0}$，分散共分散行列 $\mathbf{P}_{0|0}$ を最初に与える必要があるほ
か，システムノイズの分散共分散行列 $\mathbf{Q}_k$，観測ノイズの分散共分散行
列 $\mathbf{R}_k$ もあらかじめ与える必要がある．特に $\mathbf{Q}_k$ と $\mathbf{R}_k$ の設定は，このあ
と述べるように推定結果にも大きく影響し得る．

4.3　カルマンフィルタの適用例

　簡単な例として単振動の方程式

$$\frac{d^2z}{dt^2} = -\alpha^2 z \tag{4.20}$$

46   第4章　逐次データ同化とカルマンフィルタ

に従うシステムを考え，カルマンフィルタの適用方法を示す．ここでは，振動の周期を決めるパラメータ α（角振動数）を $\alpha = 5\pi/3$ で固定し，あらかじめ値が分かっているものと仮定する．また，$t = 0$ の時点で z の値は分からないが，時間 t が 0.2 進むごとに z の値が観測ノイズ付きで観測できるものとする．そして，この観測データを，カルマンフィルタを用いてシミュレーションモデルに同化し，z の時間発展を推定する．

　シミュレーションモデルには，式 (4.20) の方程式を**ホイン法**で解くモデルを用いることにする．ホイン法とは，

$$\frac{d\boldsymbol{x}}{dt} = \boldsymbol{g}(\boldsymbol{x}, t) \tag{4.21}$$

の形で与えられた常微分方程式を数値的に解くために，時刻 t_k における $\boldsymbol{x}$ の値 $\boldsymbol{x}_k$ から

$$\boldsymbol{x}'_{k+1} = \boldsymbol{x}_k + \boldsymbol{g}(\boldsymbol{x}_k, t_k)\Delta t \tag{4.22}$$

を求めた上で，

$$\boldsymbol{x}_{k+1} = \boldsymbol{x}_k + \frac{1}{2}\left[\boldsymbol{g}(\boldsymbol{x}_k, t_k) + \boldsymbol{g}(\boldsymbol{x}'_{k+1}, t_k + \Delta t)\right]\Delta t \tag{4.23}$$

のようにして，次の時刻 $t_{k+1}(= t_k + \Delta t)$ の値 $\boldsymbol{x}_{k+1}$ を計算する方法である[1]．式 (4.20) で，$\dot{z} = dz/dt$ とおくと，

$$\frac{dz}{dt} = \dot{z}, \qquad \frac{d\dot{z}}{dt} = -\alpha^2 z$$

のように2つの1階の微分方程式で書ける．これをホイン法で解くには，式 (4.22), (4.23) で

$$\boldsymbol{x}_k = \left(\begin{array}{c} z_k \\ \dot{z}_k \end{array}\right), \qquad \boldsymbol{g}_k(\boldsymbol{x}_k, t_k) = \left(\begin{array}{c} \dot{z}_k \\ -\alpha^2 z_k \end{array}\right)$$

---

[1] ホイン法は，精度が高い方法とはいえないが，この例では精度がよくない場合の挙動を確認する意味もあって，あえて使用している．なお，ホイン法や，より精度の高い4次のルンゲ・クッタ法について詳しく知りたい場合は，数値計算の教科書 [34, 33] を参照するとよい．

とおいてやればよい．したがって，各時間ステップ k で

$$z'_{k+1} = z_k + \dot{z}_k \Delta t, \tag{4.24}$$

$$\dot{z}'_{k+1} = \dot{z}_k - \alpha^2 z_k \Delta t \tag{4.25}$$

を求め，次に

$$z_{k+1} = z_k + \frac{1}{2} \left(\dot{z}_k + \dot{z}'_{k+1} \right) \Delta t, \tag{4.26}$$

$$\dot{z}_{k+1} = \dot{z}_k + \frac{1}{2} \left(-\alpha^2 z_k - \alpha^2 z'_{k+1} \right) \Delta t \tag{4.27}$$

を計算することになる．

　このシミュレーションモデルを式 (4.9) のシステムモデルの形に書き直すことができれば，カルマンフィルタを適用できる．式 (4.9) との対応付けのため，式 (4.26), (4.27) に式 (4.24), (4.25) を代入して，$z'_{k+1}, \dot{z}'_{k+1}$ を消去しておく：

$$\begin{aligned}
z_{k+1} &= z_k + \frac{1}{2} \left(2\dot{z}_k - \alpha^2 z_k \Delta t \right) \Delta t \\
&= \left(1 - \frac{\alpha^2 \Delta t^2}{2} \right) z_k + \dot{z}_k \Delta t,
\end{aligned} \tag{4.28}$$

$$\begin{aligned}
\dot{z}_{k+1} &= \dot{z}_k + \frac{1}{2} \left(-2\alpha^2 z_k - \alpha^2 \dot{z}_k \Delta t \right) \Delta t \\
&= -\left(\alpha^2 \Delta t \right) z_k + \left(1 - \frac{\alpha^2 \Delta t^2}{2} \right) \dot{z}_k.
\end{aligned} \tag{4.29}$$

式 (4.28), (4.29) をまとめると，

$$\begin{pmatrix} z_{k+1} \\ \dot{z}_{k+1} \end{pmatrix} = \begin{pmatrix} 1 - \frac{\alpha^2 \Delta t^2}{2} & \Delta t \\ -\alpha^2 \Delta t & 1 - \frac{\alpha^2 \Delta t^2}{2} \end{pmatrix} \begin{pmatrix} z_k \\ \dot{z}_k \end{pmatrix} \tag{4.30}$$

のような形に書き換えられる．これにシステムノイズを付加して，式 (4.9) のシステムモデルの形にする．ここでは，$\dot{z}_k$ に対してのみ，システムノイズ δ_{k+1} が加わると仮定して

$$
\begin{pmatrix} z_{k+1} \\ \dot{z}_{k+1} \end{pmatrix} = \begin{pmatrix} 1 - \frac{\alpha^2 \Delta t^2}{2} & \Delta t \\ -\alpha^2 \Delta t & 1 - \frac{\alpha^2 \Delta t^2}{2} \end{pmatrix} \begin{pmatrix} z_k \\ \dot{z}_k \end{pmatrix} + \begin{pmatrix} 0 \\ \delta_{k+1} \end{pmatrix}
$$

$$(4.31)$$

とおくことにしよう．このとき，時間ステップを 1 つずらした上で

$$
\boldsymbol{x}_k = \begin{pmatrix} z_k \\ \dot{z}_k \end{pmatrix}, \quad \mathbf{F} = \begin{pmatrix} 1 - \frac{\alpha^2 \Delta t^2}{2} & \Delta t \\ -\alpha^2 \Delta t & 1 - \frac{\alpha^2 \Delta t^2}{2} \end{pmatrix}, \quad \boldsymbol{v}_k = \begin{pmatrix} 0 \\ \delta_k \end{pmatrix}
$$

$$(4.32)$$

とおけば，式 (4.9) の形になる．

　ここで，シミュレーションモデルの時間ステップ幅を $\Delta t = 0.1$ と設定する．本節の冒頭で，時間が 0.2 進むごとに観測が得られると仮定したので，$t_k = k\Delta t$ とおくと，観測の得られた時刻は $t_2, t_4, \ldots, t_K$ となる（K は 2 の倍数と仮定する）．前節で述べたアルゴリズム 1 は，システムモデルの時間ステップ k ごとに観測 $\boldsymbol{y}_k$ が得られる想定になっていたが，現実には，このようにシミュレーションモデルの時間ステップを観測の時間間隔よりも短くする必要がある場合も多い．このとき，シミュレーションモデルが複数ステップ進むごとに観測が 1 回得られるという形になる．このような場合，観測が得られていない時間ステップでは，フィルタリングの手続きを飛ばし，予測分布をそのままフィルタ分布と見なして次の時間ステップに進めばよい．つまり，$\boldsymbol{y}_k$ がない時間ステップでは，$\bar{\boldsymbol{x}}_{k|k} = \bar{\boldsymbol{x}}_{k|k-1}$，$\mathbf{P}_{k|k} = \mathbf{P}_{k|k-1}$ とおくということである．

　式 (4.20) に従う z が，時刻 $t_2, t_4, \ldots, t_K$ において観測ノイズ付きで観測できたものとし，得られた観測データを $y_2, \ldots, y_K$ とする．$k = 2, 4,$ $\ldots, K$ に対して，観測ノイズを w_k とし，観測データ y_k と z_k との関係を

$$
y_k = z_k + w_k
$$

$$(4.33)$$

と書くことにすると，

$$
\mathbf{H}_k = \begin{pmatrix} 1 & 0 \end{pmatrix}
$$

$$(4.34)$$

とおくことで,

$$y_k = \mathbf{H}_k \boldsymbol{x}_k + w_k \tag{4.35}$$

のように式 (4.2) の形になる. そこで, 観測の得られた時刻 $t_2, t_4, \ldots, t_K$ においては, 式 (4.17), (4.18), (4.19) でフィルタリングの計算を行い, 観測のない時刻 $t_1, t_3, \ldots, t_{K-1}$ ではフィルタリングの処理を飛ばして次の一期先予測に進めばよい.

　以上のようにして構成したシステムモデル, 観測モデルに基づき, カルマンフィルタを用いて観測データから z の時間発展を推定する. ここでは, 式 (4.20) で初期値を $z = 2, \dot{z} = 0$ とおいたときの解析解

$$z = 2\cos\alpha t \tag{4.36}$$

を真の z の時間発展と仮定する.「観測データ」$y_2, \ldots, y_K$ としては, 式 (4.36) に従う z に正規分布 $\mathcal{N}(0, \sigma_R^2)$ に従う乱数が観測ノイズとして加わったものが, 時間 $2\Delta t = 0.2$ おきに得られるものとする. ただし, $\sigma_R = 0.3$ とした. カルマンフィルタ適用時の初期値分布の平均 $\bar{\boldsymbol{x}}_{0|0}$, 分散共分散行列 $\mathbf{P}_{0|0}$ は,

$$\bar{\boldsymbol{x}}_{0|0} = \begin{pmatrix} 0 \\ 0 \end{pmatrix}, \qquad \mathbf{P}_{0|0} = \begin{pmatrix} 4 & 0 \\ 0 & 4 \end{pmatrix} \tag{4.37}$$

と設定した. また, システムノイズ δ の標準偏差 σ_Q は $\sigma_Q = 1$ とし, 観測ノイズ w_k の標準偏差は擬似データを生成したときと同じ $\sigma_R = 0.3$ を用いた. したがって, システムノイズ, 観測ノイズの分散共分散行列はそれぞれ

$$\mathbf{Q}_k = \begin{pmatrix} 0 & 0 \\ 0 & 1 \end{pmatrix}, \qquad \mathbf{R}_k = \begin{pmatrix} 0.09 \end{pmatrix} \tag{4.38}$$

となる. 図 4.2 は, 以上のような設定で, 観測データからカルマンフィルタを用いて z の時間発展を推定した数値実験の結果であり, 白丸が観測データ, 灰色の点線が真の値 (式 (4.36) の解析解), 黒の実線がカルマン

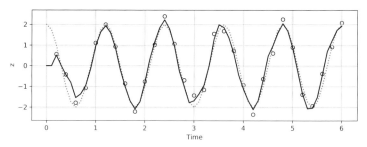

図 4.2 カルマンフィルタによる単振動の推定（$\sigma_Q = 1$ の場合）．白丸は推定に使用した観測データ，灰色の点線は真の値，黒の実線はフィルタ推定値を示す．

フィルタで得られた z のフィルタ推定値を示している．この例では，黒の実線で示すカルマンフィルタの結果が，概ね真の値と合っており，推定がうまくいっていることを示している．

4.4 パラメータの設定

カルマンフィルタで得られるフィルタ推定値 $\bar{x}_{k|k}$ は，システムノイズ，観測ノイズの分散共分散行列 $\mathbf{Q}_k, \mathbf{R}_k$ に依存する．図 4.3 は，図 4.2 と同じシミュレーションモデル，観測データで，観測ノイズの標準偏差 σ_R はそのまま $\sigma_R = 0.3$ とし，システムノイズの標準偏差 σ_Q だけを図 4.2 の設定よりも小さい $\sigma_Q = 0.1$ に変えた場合の結果を示している．この場合，最初の数ステップは真の値に近づいていくものの，そのあと次第にずれていくことが分かる．このような結果になるのは，σ_Q を小さくすることで，各ステップの予測分布の分散共分散行列 $\mathbf{P}_{k|k-1}$ の各要素が小さくなるためである．

カルマンフィルタでは，予測分布を事前分布としてベイズ推定を行うが，式 (3.39) で確認したように，観測ノイズの分散に対して事前分布の分散が小さい場合には，事前分布が重視され，観測の情報はあまり推定に反映されない．したがって，フィルタ推定値は，ほぼシミュレーションモデルによる予測がそのまま用いられることになるが，今回用いているシミュレーションモデルはホイン法というあまり精度のよくない方法を用いて

4.4 パラメータの設定

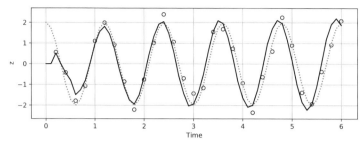

図 4.3 カルマンフィルタによる単振動の推定（$\sigma_Q = 0.1$ の場合）.

いるので，観測の情報を使わないと，次第に本来の解から離れてしまうことになる．

最初の数ステップで真の値に近づく傾向が見られるのは，初期値分布を図 4.2 のときと同じく式 (4.37) で設定にしており，最初のうちは予測分布の分散共分散行列 $\mathbf{P}_{k|k-1}$ の対角要素が，z や $\dot{z}$ の振幅と比べて小さくない値になっているためである．しかし，式 (4.16) から，フィルタ分布の分散（$\mathbf{P}_{k|k}$ の対角要素）は予測分布の分散（$\mathbf{P}_{k|k-1}$ の対角要素）よりも小さくなり，それが次のステップ予測分布の分散（$\mathbf{P}_{k+1|k}$ の対角要素）にも反映される．式 (4.12) が示すように，$\mathbf{P}_{k+1|k}$ には $\mathbf{P}_{k|k}$ だけでなく $\mathbf{Q}_{k+1}$ も寄与するが，$\mathbf{Q}_{k+1}$ の各要素が小さければ，予測分布の分散は次第に小さくなっていく．したがって，$\mathbf{P}_{k|k-1}$ の対角要素が大きいうちは観測の情報が推定に反映されるが，フィルタリングを繰り返すうちに予測分布の分散が小さくなり，観測の情報が推定に反映されにくくなっていく．

図 4.4 は，図 4.2 の σ_R はそのままにして，システムノイズの標準偏差を $\sigma_Q = 10$ に変えた場合の結果である．観測ノイズの分散に対して事前分布の分散が極端に大きい場合，予測分布の平均の情報はほとんど考慮されず，観測データの方を重視した推定が行われる．したがって，各ステップのフィルタ推定値は，非常に観測値に近い値になる．しかし，データに含まれる観測ノイズのため，かえって点線で示す真の値からは離れてしまう結果になる．

なお，図 4.2 の数値実験で，σ_Q を固定したまま，σ_R を大きくすると，やはり観測の情報が考慮されなくなり，フィルタ推定値は徐々に真の値

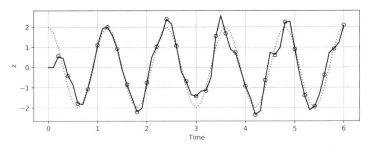

図 4.4 カルマンフィルタによる単振動の推定 ($\sigma_Q = 10$ の場合).

からずれることになる.また,σ_R を小さくすると,フィルタ推定値は観測値と近い値を取るようになる.カルマンフィルタでは,$\mathbf{R}_k$ を大きくすれば,フィルタ推定値に対して $\mathbf{Q}_k$ を小さくしたのと同じような効果を与え,逆に $\mathbf{R}_k$ を小さくすれば,$\mathbf{Q}_k$ を大きくしたのと同様の効果になる.カルマンフィルタの式を見ると分かるように,a を実数のスカラー量 ($a > 0$) として,初期値の分散 $\mathbf{P}_{0|0}$ を a 倍,$\mathbf{Q}_k$ も a 倍して得られる $\bar{\boldsymbol{x}}_{k|k-1}$ や $\bar{\boldsymbol{x}}_{k|k}$ は,$\mathbf{R}_k$ を $1/a$ 倍したのと同じ結果になる[2].したがって,$\mathbf{Q}_k$ か $\mathbf{R}_k$ のどちらか一方を変えれば,フィルタ推定値 $\bar{\boldsymbol{x}}_{k|k}$ の振る舞いは調整できる.

ただし,初期値の分散 $\mathbf{P}_{0|0}$ と $\mathbf{Q}_k$ を a 倍するのと,$\mathbf{R}_k$ を $1/a$ 倍するのとでは,予測分布やフィルタ分布の分散共分散行列 $\mathbf{P}_{k|k-1}$,$\mathbf{P}_{k|k}$ の値が変わってくる.$\mathbf{P}_{k|k}$ は推定の不確かさの指標となるので,不確かさまで評価したい場合には,$\mathbf{Q}_k$ と $\mathbf{R}_k$ の両方を調整する必要が出てくる.

4.5 周辺尤度

$\mathbf{Q}_k$ や $\mathbf{R}_k$ の両方を調整する手段の 1 つとして,**周辺尤度**[3]と呼ばれる指標を使う方法があり,状態空間モデルを時系列データ解析に応用する際

---

[2] 初期値の分散 $\mathbf{P}_{0|0}$,$\mathbf{Q}_k$,$\mathbf{R}_k$ をすべて a 倍した場合,$\bar{\boldsymbol{x}}_{k|k-1}$ や $\bar{\boldsymbol{x}}_{k|k}$ は変化しない.これも容易に確認できる.
[3] 単に「尤度」と読んでいる文献もある [32, 26] が,式 (4.14) の尤度と区別する意味もあって本書では周辺尤度と呼ぶ.

4.5 周辺尤度 53

にはよく用いられる. データ同化の応用で使われることは少ないが, データ同化でも参考になると思われるので, ここで簡単に紹介しておく. ただし, あとの内容を理解するのに必要な話ではないので, 興味のない読者は, 読み飛ばして 4.6 節に進んでいただいても差し支えない.

状態空間モデルの下での周辺尤度は, $\mathbf{Q}_k$, $\mathbf{R}_k$ の各要素などのパラメータをまとめて $\boldsymbol{\theta}$ とおき,

$$p(\boldsymbol{y}_{1:K}|\boldsymbol{\theta}) = \prod_{k=1}^{K} p(\boldsymbol{y}_k|\boldsymbol{y}_{1:k-1},\boldsymbol{\theta}) \qquad (4.39)$$

のように定義される. 周辺尤度 $p(\boldsymbol{y}_{1:K}|\boldsymbol{\theta})$ は, 与えられた $\boldsymbol{\theta}$ に対して観測 $\boldsymbol{y}_{1:K}$ が得られる可能性の高さと解釈でき, 観測 $\boldsymbol{y}_{1:K}$ をうまく説明する $\boldsymbol{\theta}$ ほど周辺尤度の値が大きくなる.

周辺尤度の値を得るために, 式 (4.39) の右辺に含まれる $p(\boldsymbol{y}_k|\boldsymbol{y}_{1:k-1},\boldsymbol{\theta})$ をまず求める. $p(\boldsymbol{y}_k|\boldsymbol{y}_{1:k-1},\boldsymbol{\theta})$ は, $\boldsymbol{y}_k$ の条件付き確率密度関数の形をしており, $\boldsymbol{y}_k$ は観測モデル

$$\boldsymbol{y}_k = \mathbf{H}_k\boldsymbol{x}_k + \boldsymbol{w}_k \qquad (4.2)$$

で与えられている. $\boldsymbol{w}_k$ は $\boldsymbol{y}_{1:k-1}$ と独立なので, $\boldsymbol{x}_k$ が $p(\boldsymbol{x}_k|\boldsymbol{y}_{1:k-1},\boldsymbol{\theta})$ に従い, $\boldsymbol{w}_k$ が $p(\boldsymbol{w}_k|\boldsymbol{\theta})$ に従うときに $\boldsymbol{y}_k$ が従うべき分布が $p(\boldsymbol{y}_k|\boldsymbol{y}_{1:k-1},\boldsymbol{\theta})$ になる. $p(\boldsymbol{x}_k|\boldsymbol{y}_{1:k-1},\boldsymbol{\theta})$ はパラメータ $\boldsymbol{\theta}$ を明示的に書いているが, 式 (4.13) の $p(\boldsymbol{x}_k|\boldsymbol{y}_{1:k-1})$ と同じものである. また, $p(\boldsymbol{w}_k|\boldsymbol{\theta})$ も式 (4.4) の $p(\boldsymbol{w}_k)$ と同じものである.

式 (4.13) により, $\boldsymbol{x}_k$ は正規分布 $\mathcal{N}(\bar{\boldsymbol{x}}_{k|k-1},\mathbf{P}_{k|k-1})$ に従うので, 定理 2.1 より, $\mathbf{H}_k\boldsymbol{x}_k$ は正規分布 $\mathcal{N}(\mathbf{H}_k\bar{\boldsymbol{x}}_{k|k-1},\mathbf{H}_k\mathbf{P}_{k|k-1}\mathbf{H}_k^{\mathsf{T}})$ に従う. $\boldsymbol{w}_k$ は $\mathbf{H}_k\boldsymbol{x}_k$ と独立に正規分布 $\mathcal{N}(\mathbf{0},\mathbf{R}_k)$ に従うので, 定理 2.2 により, $\boldsymbol{y}_{1:k-1}$, $\boldsymbol{\theta}$ が与えられた下で式 (4.2) の $\boldsymbol{y}_k$ は正規分布 $\mathcal{N}(\mathbf{H}_k\bar{\boldsymbol{x}}_{k|k-1},\mathbf{H}_k\mathbf{P}_{k|k-1}\mathbf{H}_k^{\mathsf{T}}+\mathbf{R}_k)$ に従う. したがって,

$$p(\boldsymbol{y}_k|\boldsymbol{y}_{1:k-1},\boldsymbol{\theta})$$

$$=\frac{\exp\left[-\dfrac{1}{2}(\boldsymbol{y}_k-\mathbf{H}_k\bar{\boldsymbol{x}}_{k|k-1})^{\mathsf{T}}(\mathbf{H}_k\mathbf{P}_{k|k-1}\mathbf{H}_k^{\mathsf{T}}+\mathbf{R}_k)^{-1}(\boldsymbol{y}_k-\mathbf{H}_k\bar{\boldsymbol{x}}_{k|k-1})\right]}{\sqrt{(2\pi)^m|\mathbf{H}_k\mathbf{P}_{k|k-1}\mathbf{H}_k^{\mathsf{T}}+\mathbf{R}_k|}}.$$

$$(4.40)$$

式 (4.40) を式 (4.39) に代入すれば，周辺尤度 $p(\boldsymbol{y}_{1:K}|\boldsymbol{\theta})$ の値も求まる．ただし，周辺尤度は計算機で扱えないほど小さな値になることが多いので，実用上は，周辺尤度の対数を取った対数周辺尤度を用いるのがよい．対数周辺尤度は，

$$\log p(\boldsymbol{y}_{1:K}|\boldsymbol{\theta})$$

$$=\sum_{k=1}^{K}\log p(\boldsymbol{y}_k|\boldsymbol{y}_{1:k-1},\boldsymbol{\theta})$$

$$=-\frac{1}{2}\sum_{k=1}^{K}\log\left[(2\pi)^m|\mathbf{H}_k\mathbf{P}_{k|k-1}\mathbf{H}_k^{\mathsf{T}}+\mathbf{R}_k|\right]$$

$$\quad-\frac{1}{2}\sum_{k=1}^{K}(\boldsymbol{y}_k-\mathbf{H}_k\bar{\boldsymbol{x}}_{k|k-1})^{\mathsf{T}}(\mathbf{H}_k\mathbf{P}_{k|k-1}\mathbf{H}_k^{\mathsf{T}}+\mathbf{R}_k)^{-1}(\boldsymbol{y}_k-\mathbf{H}_k\bar{\boldsymbol{x}}_{k|k-1})$$

$$(4.41)$$

となる．$\mathbf{Q}_k$ や $\mathbf{R}_k$ の値は，$\log p(\boldsymbol{y}_{1:K}|\boldsymbol{\theta})$ がなるべく大きくなるように選べばよい．

　$\mathbf{Q}_k$ については，式 (4.41) に明示的に含まれてはいないが，$\mathbf{Q}_k$ も $\mathbf{R}_k$ も $\bar{\boldsymbol{x}}_{k|k-1}$，$\mathbf{P}_{k|k-1}$ の値に影響し，その結果として $\log p(\boldsymbol{y}_{1:K}|\boldsymbol{\theta})$ の値に影響する．式 (4.41) によると，予測分布の平均 $\bar{\boldsymbol{x}}_{k|k-1}$ による観測の予測 $\mathbf{H}_k\bar{\boldsymbol{x}}_{k|k-1}$ が実際の観測 $\boldsymbol{y}_k$ に近いほど，対数周辺尤度の値は大きくなる．また，同じ $\bar{\boldsymbol{x}}_{k|k-1}$ を与える設定の中では，$\boldsymbol{y}_k-\mathbf{H}_k\bar{\boldsymbol{x}}_{k|k-1}$ の分散共分散行列が $\mathbf{H}_k\mathbf{P}_{k|k-1}\mathbf{H}_k^{\mathsf{T}}+\mathbf{R}_k$ に近いものほど対数周辺尤度の値が大きくなる．したがって，対数周辺尤度を用いれば，予測分布の平均 $\bar{\boldsymbol{x}}_{k|k-1}$ だけでなく，予測の不確かさも考慮してパラメータのよさを評価したことになる．

4.6 拡張カルマンフィルタ

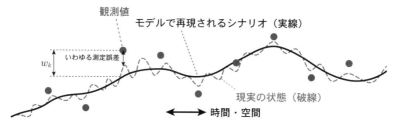

図 4.5 シミュレーションモデルは現実の状態との乖離があることが避けられないので，その分は観測ノイズとして考慮する．

なお，観測ノイズ w_k の分散共分散行列 R_k を議論するにあたって，w_k が必ずしも観測機器の測定誤差だけを意味するものではないことに注意する必要がある．通常，シミュレーションモデルでは，支配方程式系を数値的に解くために近似がなされたり，時間的，空間的に細かいスケールの変動が無視されたりしているため，完全に現実の状態を再現できるわけではない．図 4.5 に示すように，状態変数やパラメータの推定をいくら改善しても，モデルで考慮されていない変動は再現できないため，その分は，現実の状態を測定して得られる観測値と乖離があってもやむを得ないということになる．そのため，現実の問題にデータ同化を適用する際には，観測ノイズ w_k の分散共分散行列 R_k の各対角要素を観測機器の測定誤差の分散よりも大きく取った方がよい場合が多い．

4.6 拡張カルマンフィルタ

4.2 節では線型の時間発展モデルを仮定してカルマンフィルタを導出したが，データ同化で扱うシミュレーションモデルは一般に非線型である．そこで改めて非線型の状態空間モデル

$$x_k = f(x_{k-1}) + v_k,$$
$$y_k = H_k x_k + w_k$$

を考える．システムノイズ v_k，観測ノイズ w_k については，それぞれ引き続き正規分布 $\mathcal{N}(0, Q_k)$, $\mathcal{N}(0, R_k)$ に従うとする．式 (4.9) のようにシ

ミュレーションモデルが線型と仮定できる場合, $\boldsymbol{x}_{k-1}$ のフィルタ分布 $p(\boldsymbol{x}_{k-1}|\boldsymbol{y}_{1:k-1})$ が正規分布ならば, 予測分布 $p(\boldsymbol{x}_k|\boldsymbol{y}_{1:k-1})$ も正規分布となり, 平均ベクトルや分散共分散行列も解析的に計算できた. しかし, シミュレーションモデルが非線型の場合, システムノイズ $\boldsymbol{v}_k$ が正規分布であっても予測分布 $p(\boldsymbol{x}_k|\boldsymbol{y}_{1:k-1})$ が正規分布になる保証はなく, また, 平均ベクトル, 分散共分散行列も一般には解析的に計算できない. しかし, 非線型のシミュレーションモデルに対して, $\boldsymbol{f}$ の1次近似を考えることで, カルマンフィルタのアルゴリズムをほぼそのまま適用する方法もある. それが本節で紹介する**拡張カルマンフィルタ**である.

まず, $\boldsymbol{f}(\boldsymbol{x}_{k-1})$ の1次のテイラー展開

$$\boldsymbol{f}(\boldsymbol{x}_{k-1}) \simeq \boldsymbol{f}(\bar{\boldsymbol{x}}_{k-1|k-1}) + \tilde{\mathbf{F}}_{\bar{\boldsymbol{x}}_{k-1|k-1}}(\boldsymbol{x}_{k-1} - \bar{\boldsymbol{x}}_{k-1|k-1}) \qquad (4.42)$$

を考える. ただし, $\tilde{\mathbf{F}}_{\bar{\boldsymbol{x}}_{k-1|k-1}}$ は $\boldsymbol{f}$ の $\boldsymbol{x}_{k-1} = \bar{\boldsymbol{x}}_{k-1|k-1}$ におけるヤコビ行列

$$\tilde{\mathbf{F}}_{\bar{\boldsymbol{x}}_{k-1|k-1}} = \frac{\partial \boldsymbol{f}}{\partial \boldsymbol{x}_{k-1}^{\mathsf{T}}}(\bar{\boldsymbol{x}}_{k-1|k-1}) = \begin{pmatrix} \frac{\partial f_1}{\partial x_{k-1,1}} & \cdots & \frac{\partial f_1}{\partial x_{k-1,m}} \\ \vdots & \ddots & \vdots \\ \frac{\partial f_m}{\partial x_{k-1,1}} & \cdots & \frac{\partial f_m}{\partial x_{k-1,m}} \end{pmatrix} \qquad (4.43)$$

とする. このとき,

$$\begin{aligned} \boldsymbol{x}_k &= \boldsymbol{f}(\boldsymbol{x}_{k-1}) + \boldsymbol{v}_k \\ &\simeq \boldsymbol{f}(\bar{\boldsymbol{x}}_{k-1|k-1}) + \tilde{\mathbf{F}}_{\bar{\boldsymbol{x}}_{k-1|k-1}}(\boldsymbol{x}_{k-1} - \bar{\boldsymbol{x}}_{k-1|k-1}) + \boldsymbol{v}_k. \end{aligned} \qquad (4.44)$$

ここで, $\boldsymbol{x}_{k-1}$ が正規分布 $\mathcal{N}(\bar{\boldsymbol{x}}_{k-1|k-1}, \mathbf{P}_{k-1|k-1})$ に従い, それと独立に $\boldsymbol{v}_k$ が正規分布 $\mathcal{N}(\boldsymbol{0}, \mathbf{Q}_k)$ に従うとする. 式 (4.44) の右辺が従う分布は, 式 (4.11), (4.12) を得たときと同様にして定理 2.1, 定理 2.2 を適用すれば得られる. 結論として, 式 (4.44) の右辺は正規分布に従い, 平均は $\boldsymbol{f}(\bar{\boldsymbol{x}}_{k-1|k-1})$, 分散共分散行列は $\tilde{\mathbf{F}}_{\bar{\boldsymbol{x}}_{k-1|k-1}} \mathbf{P}_{k-1|k-1} \tilde{\mathbf{F}}_{\bar{\boldsymbol{x}}_{k-1|k-1}}^{\mathsf{T}} + \mathbf{Q}_k$ となる. よって, $\boldsymbol{x}_k$ の予測分布 $p(\boldsymbol{x}_k|\boldsymbol{y}_{1:k-1})$ の平均ベクトル $\bar{\boldsymbol{x}}_{k|k-1}$, 分散共分散行列 $\mathbf{P}_{k|k-1}$ は式 (4.44) の近似の下で

$$\bar{\boldsymbol{x}}_{k|k-1} \simeq \boldsymbol{f}(\bar{\boldsymbol{x}}_{k-1|k-1}), \tag{4.45}$$

$$\mathbf{P}_{k|k-1} \simeq \tilde{\mathbf{F}}_{\bar{\boldsymbol{x}}_{k-1|k-1}} \mathbf{P}_{k-1|k-1} \tilde{\mathbf{F}}_{\bar{\boldsymbol{x}}_{k-1|k-1}}^{\mathsf{T}} + \mathbf{Q}_k \tag{4.46}$$

となる．この結果に基づき，予測分布を式 (4.45), (4.46) の平均ベクトル，分散共分散行列を持つ正規分布 $\mathcal{N}(\bar{\boldsymbol{x}}_{k|k-1}, \mathbf{P}_{k|k-1})$ で近似し，フィルタリングについては通常のカルマンフィルタと同じ手続きで行うのが拡張カルマンフィルタである．まとめるとアルゴリズム 2 のようになる．

アルゴリズム 2 拡張カルマンフィルタ

1: $p(\boldsymbol{x}_0)$ の平均ベクトル $\bar{\boldsymbol{x}}_{0|0}$，分散共分散行列 $\mathbf{P}_{0|0}$ を与える．
2: **for** $k := 1, \ldots, K$ **do** ▷ # k は時間ステップ
　　# [ヤコビ行列の計算]
3:　　$\boldsymbol{f}$ の $\boldsymbol{x}_{k-1} = \bar{\boldsymbol{x}}_{k-1|k-1}$ におけるヤコビ行列 $\tilde{\mathbf{F}}_{\bar{\boldsymbol{x}}_{k-1|k-1}}$ を求める．

　　# [一期先予測]
4:　　$\bar{\boldsymbol{x}}_{k|k-1} := \boldsymbol{f}(\bar{\boldsymbol{x}}_{k-1|k-1})$
5:　　$\mathbf{P}_{k|k-1} := \tilde{\mathbf{F}}_{\bar{\boldsymbol{x}}_{k-1|k-1}} \mathbf{P}_{k-1|k-1} \tilde{\mathbf{F}}_{\bar{\boldsymbol{x}}_{k-1|k-1}}^{\mathsf{T}} + \mathbf{Q}_k$

　　# [フィルタリング]
6:　　$\mathbf{K}_k := \mathbf{P}_{k|k-1} \mathbf{H}_k^{\mathsf{T}} (\mathbf{H}_k \mathbf{P}_{k|k-1} \mathbf{H}_k^{\mathsf{T}} + \mathbf{R}_k)^{-1}$
7:　　$\bar{\boldsymbol{x}}_{k|k} := \bar{\boldsymbol{x}}_{k|k-1} + \mathbf{K}_k (\boldsymbol{y}_k - \mathbf{H}_k \bar{\boldsymbol{x}}_{k|k-1})$
8:　　$\mathbf{P}_{k|k} := (\mathbf{I}_m - \mathbf{K}_k \mathbf{H}_k) \mathbf{P}_{k|k-1}$
9: **end for**

4.7　拡張カルマンフィルタの実装方法

非線型システムの簡単な例として，単振り子の方程式

$$\frac{d^2\phi}{dt^2} = -\alpha^2 \sin\phi \tag{4.47}$$

を取り上げ，拡張カルマンフィルタを適用する方法を示す．

式 (4.47) の方程式を解くシミュレーションモデルには，4.3 節の例と同

じホイン法によるモデルを用いる．式 (4.47) で，$\dot{\phi} = d\phi/dt$ とおくと

$$\frac{d\phi}{dt} = \dot{\phi}, \qquad\qquad \frac{d\dot{\phi}}{dt} = -\alpha^2 \sin\phi$$

となる．これをホイン法で解くには，式 (4.22)，(4.23) に従い，各時間ステップ k において

$$\phi'_{k+1} = \phi_k + \dot{\phi}_k \Delta t, \tag{4.48}$$

$$\dot{\phi}'_{k+1} = \dot{\phi}_k - \alpha^2 (\sin\phi_k)\Delta t \tag{4.49}$$

を求めた上で，

$$\phi_{k+1} = \phi_k + \frac{1}{2}\left(\dot{\phi}_k + \dot{\phi}'_{k+1}\right)\Delta t, \tag{4.50}$$

$$\dot{\phi}_{k+1} = \dot{\phi}_k + \frac{1}{2}\left(-\alpha^2 \sin\phi_k - \alpha^2 \sin\phi'_{k+1}\right)\Delta t \tag{4.51}$$

を計算する．このシミュレーションモデルの状態ベクトルは

$$\boldsymbol{x}_k = \left(\begin{array}{c} \phi_k \\ \dot{\phi}_k \end{array}\right) \tag{4.52}$$

とおけばよいが，式 (4.49)，(4.51) の右辺に sin の項が含まれるため，式 (4.30) のような $\mathbf{F}\boldsymbol{x}_k$ の形に書き換えることはできない．したがって，このモデルのままでは，カルマンフィルタを適用できない．

　拡張カルマンフィルタを適用する場合，式 (4.48)-(4.51) の手続きをそのまま式 (4.45) の $\boldsymbol{f}$ として用いることで，予測分布の平均 $\bar{\boldsymbol{x}}_{k|k-1}$ は得られる．ただし，式 (4.46) による予測分布の分散共分散行列 $\mathbf{P}_{k|k-1}$ を求めるには $\boldsymbol{f}$ のヤコビ行列

$$\tilde{\mathbf{F}}_{\boldsymbol{x}_k} = \left(\begin{array}{cc} \partial\phi_{k+1}/\partial\phi_k & \partial\phi_{k+1}/\partial\dot{\phi}_k \\ \partial\dot{\phi}_{k+1}/\partial\phi_k & \partial\dot{\phi}_{k+1}/\partial\dot{\phi}_k \end{array}\right) \tag{4.53}$$

が必要となる．例えば，$\partial\phi_{k+1}/\partial\phi_k$ を得るには，式 (4.50) の ϕ_k による偏微分

4.7 拡張カルマンフィルタの実装方法

$$\frac{\partial \phi_{k+1}}{\partial \phi_k} = 1 + \frac{1}{2}\frac{\partial \dot{\phi}'_{k+1}}{\partial \phi_k}\Delta t \tag{4.54}$$

に，式 (4.49) の ϕ_k による偏微分

$$\frac{\partial \dot{\phi}'_{k+1}}{\partial \phi_k} = -\alpha^2 \left(\cos \phi_k\right)\Delta t \tag{4.55}$$

を代入すると，

$$\frac{\partial \phi_{k+1}}{\partial \phi_k} = 1 - \frac{\alpha^2 \Delta t^2}{2}\cos \phi_k. \tag{4.56}$$

同様にして，ヤコビ行列の他の要素も求めていくと，

$$\tilde{\mathbf{F}}_{\boldsymbol{x}_k}$$
$$= \begin{pmatrix} 1 - \frac{\alpha^2 \Delta t^2}{2}\cos \phi_k & \Delta t \\ -\frac{\alpha^2 \Delta t}{2}\left[\cos \phi_k + \cos\left(\phi_k + \dot{\phi}_k \Delta t\right)\right] & 1 - \frac{\alpha^2 \Delta t^2}{2}\cos\left(\phi_k + \dot{\phi}_k \Delta t\right) \end{pmatrix} \tag{4.57}$$

が得られる．式 (4.57) で $\phi_k = \bar{\phi}_{k-1|k-1}$，$\dot{\phi}_k = \bar{\dot{\phi}}_{k-1|k-1}$ とおけば，これが式 (4.46) で用いる $\tilde{\mathbf{F}}_{\bar{\boldsymbol{x}}_{k-1|k-1}}$ となる．ただし，$\bar{\phi}_{k-1|k-1}$，$\bar{\dot{\phi}}_{k-1|k-1}$ は時刻 t_{k-1} におけるフィルタ推定値 $\bar{\boldsymbol{x}}_{k-1|k-1}$ の各要素を表す．

以上で示したように，拡張カルマンフィルタの一期先予測のステップにおいて，$\bar{\boldsymbol{x}}_{k|k-1} = \boldsymbol{f}(\bar{\boldsymbol{x}}_{k-1|k-1})$ はシミュレーションモデルがあれば簡単に得られる．しかし，$\mathbf{P}_{k|k-1}$ の計算には，シミュレーションモデル $\boldsymbol{f}$ のヤコビ行列 $\tilde{\mathbf{F}}_{\boldsymbol{x}_k}$ が必要である．特にシミュレーションモデル $\boldsymbol{f}$ が大規模になると，$\tilde{\mathbf{F}}_{\boldsymbol{x}_k}$ を求めるのは大変な作業になる．

また，次のような点も問題となる．

- 分散共分散行列 $\mathbf{P}_{k|k-1}$ や $\mathbf{P}_{k|k}$ を計算機上で扱う際に，非常に大きなメモリ容量が必要になる．大規模なシミュレーションモデルを扱うデータ同化では，状態ベクトル $\boldsymbol{x}_k$ が高次元になるが，$\boldsymbol{x}_k$ の次元 m に対して，分散共分散行列の要素数は m^2 程度（分散共分散行列は対称行列なので厳密には $m(m+1)/2$）なので，大規模な問題では非現実的な量のメモリが必要となり，分散共分散行列の計算自体が不可能

となる場合も少なくない.

- f の1次近似を用いているため，小規模な問題であっても非線型の問題では必ずしも精度の高い推定ができない.

次章では，以上のような問題を回避できる実用的なデータ同化手法を紹介する.

第5章

アンサンブルカルマンフィルタ

5.1 モンテカルロ近似

　前章で述べたカルマンフィルタおよび拡張カルマンフィルタでは，予測分布，フィルタ分布を正規分布と仮定し，その平均ベクトルと分散共分散行列を求めることで推定を行った．しかし，すでに述べたとおり，分散共分散行列の計算には大きなメモリ容量が必要となるため，状態変数 $\boldsymbol{x}_k$ が高次元の場合での適用に難があった．そこで別の方法として，予測分布，フィルタ分布などの確率分布をその分布に従うたくさんの乱数で近似表現するという方法を考えよう．

　確率変数 $\boldsymbol{x}$ が $p(\boldsymbol{x})$ で表される確率分布に従い，$\boldsymbol{x}$ の関数 $\boldsymbol{g}(\boldsymbol{x})$ の期待値が

$$M = \int g(\boldsymbol{x})\,p(\boldsymbol{x})\,d\boldsymbol{x} \tag{5.1}$$

のように得られるものとする．ここで $\{\boldsymbol{x}^{(1)}, \ldots, \boldsymbol{x}^{(N)}\}$ を $p(\boldsymbol{x})$ に従う N 個の乱数とすると，大数の法則から，

$$\lim_{N \to \infty} \frac{1}{N} \sum_{i=1}^{N} g(\boldsymbol{x}^{(i)}) = M \tag{5.2}$$

がいえる．したがって，N が十分に大きければ，

$$\int g(\boldsymbol{x})\,p(\boldsymbol{x})\,d\boldsymbol{x} \approx \frac{1}{N}\sum_{i=1}^{N} g(\boldsymbol{x}^{(i)}) \tag{5.3}$$

という近似が成り立つ．このような乱数による確率分布の近似を**モンテカ
ルロ近似**という．なお，本書ではモンテカルロ近似を '$\approx$' という記号で表
し，テイラー展開などによる近似 '$\simeq$' と区別している．

式 (5.3) を使うと，平均ベクトルや分散共分散行列など，分布 $p(\boldsymbol{x})$ の
特性を表す量が乱数で近似できる．例えば，$\boldsymbol{g}(\boldsymbol{x}) = \boldsymbol{x}$ とおくと，$p(\boldsymbol{x})$
の平均ベクトル $\bar{\boldsymbol{x}}$ は

$$\bar{\boldsymbol{x}} = \int \boldsymbol{x}\,p(\boldsymbol{x})\,d\boldsymbol{x} \approx \frac{1}{N}\sum_{i=1}^{N} \boldsymbol{x}^{(i)} \tag{5.4}$$

となり，$\bar{\boldsymbol{x}}$ を乱数の標本平均で近似できる．また，標本平均を

$$\hat{\boldsymbol{x}} = \frac{1}{N}\sum_{i=1}^{N} \boldsymbol{x}^{(i)} \tag{5.5}$$

とおき，式 (5.3) で $\boldsymbol{g}(\boldsymbol{x}) = (\boldsymbol{x} - \bar{\boldsymbol{x}})(\boldsymbol{x} - \bar{\boldsymbol{x}})^{\mathsf{T}}$ とすると，

$$\int (\boldsymbol{x} - \bar{\boldsymbol{x}})(\boldsymbol{x} - \bar{\boldsymbol{x}})^{\mathsf{T}} p(\boldsymbol{x})\,d\boldsymbol{x} \approx \frac{1}{N}\sum_{i=1}^{N}(\boldsymbol{x}^{(i)} - \hat{\boldsymbol{x}})(\boldsymbol{x}^{(i)} - \hat{\boldsymbol{x}})^{\mathsf{T}} \tag{5.6}$$

となり，$p(\boldsymbol{x})$ の分散共分散行列も標本分散共分散行列で近似できる．な
お，分散共分散行列の推定には，

$$\int (\boldsymbol{x} - \bar{\boldsymbol{x}})(\boldsymbol{x} - \bar{\boldsymbol{x}})^{\mathsf{T}} p(\boldsymbol{x})\,d\boldsymbol{x} \approx \frac{1}{N-1}\sum_{i=1}^{N}(\boldsymbol{x}^{(i)} - \hat{\boldsymbol{x}})(\boldsymbol{x}^{(i)} - \hat{\boldsymbol{x}})^{\mathsf{T}} \tag{5.7}$$

のように不偏分散共分散行列を用いるのがデータ同化においても一般的で
あるが，式 (5.6) では，式 (5.3) との対応付けのために最尤分散共分散行
列を用いて示した．

以上のように，$p(\boldsymbol{x})$ に従う乱数 $\{\boldsymbol{x}^{(1)}, \ldots, \boldsymbol{x}^{(N)}\}$ を使えば平均ベクト
ル，分散共分散行列が近似できる．さらに，高次のモーメントについて

も同様のことがいえ，N 個の乱数で確率分布 $p(\boldsymbol{x})$ の形状が近似的に表現されていることになる．データ同化では，確率分布を表現する N 個の m 次元ベクトルの集合を「**アンサンブル**」と呼ぶ．モンテカルロ近似では，$p(\boldsymbol{x})$ に従う N 個の乱数で構成されるアンサンブルで確率分布を表現することになる．また，アンサンブルを構成する個々の要素 $(\boldsymbol{x}^{(1)}, \boldsymbol{x}^{(2)}, \dots)$ を「**アンサンブルメンバー**」あるいは「**粒子**」と呼ぶ．なお，以下ではアンサンブル $\{\boldsymbol{x}^{(1)}, \dots, \boldsymbol{x}^{(N)}\}$ を $\{\boldsymbol{x}^{(i)}\}_{i=1}^{N}$ と表記する．式 (5.4), (5.6) は，平均や分散共分散行列が定義できないコーシー分布などの例外を除けば，$p(\boldsymbol{x})$ の形状を特に仮定しなくても成り立つ．したがって，$p(\boldsymbol{x})$ が正規分布の場合に限らず様々な分布に対してモンテカルロ近似が利用できることになる．

モンテカルロ近似は，式 (5.3) が大数の法則に依拠していることから分かるように，N が大きいほど精度が高くなるが，N が小さすぎると乱数を用いたことに伴うランダムな誤差（サンプリング誤差）が問題となる．しかし，乱数による誤差の大きさは $\boldsymbol{x}$ の次元 m によらないので，$\boldsymbol{x}_k$ の次元 m が高くても，それに応じて N を大きくする必要があるわけではない [25]．N 個のアンサンブルメンバーで確率分布を近似するのに必要なメモリ量は $\boldsymbol{x}$ の次元 m に対して $m \times N$ のオーダーとなる．したがって，$N \ll m$ とすることができれば，平均ベクトルおよび分散共分散行列の全要素を保持するよりもメモリ所要量を大幅に抑えることができる．もっとも，現実の問題に適用する際には，計算機資源の制約で N を十分に増やすことができず，サンプリング誤差が問題となり得る．この点については，あとで改めて議論する．

5.2 モンテカルロ近似による予測

ここから，モンテカルロ近似を用いた逐次ベイズ推定の計算について議論する．状態空間モデルは，

$$\boldsymbol{x}_k = \boldsymbol{f}(\boldsymbol{x}_{k-1}) + \boldsymbol{v}_k, \tag{5.8}$$

$$\boldsymbol{y}_k = \mathbf{H}_k \boldsymbol{x}_k + \boldsymbol{w}_k \tag{5.9}$$

のようにシステムが非線型のものを考える．前章と同様に，システムノイズ $\boldsymbol{v}_k$，観測ノイズ $\boldsymbol{w}_k$ は

$$p(\boldsymbol{v}_k) = \mathcal{N}(\mathbf{0}, \mathbf{Q}_k), \tag{5.10}$$

$$p(\boldsymbol{w}_k) = \mathcal{N}(\mathbf{0}, \mathbf{R}_k) \tag{5.11}$$

のような正規分布に従うものとする．

まずは**一期先予測**の計算について考える．予測分布 $p(\boldsymbol{x}_k|\boldsymbol{y}_{1:k-1})$ は，非線型のシステムモデル

$$\boldsymbol{x}_k = \boldsymbol{f}(\boldsymbol{x}_{k-1}) + \boldsymbol{v}_k \tag{5.8}$$

において，$\boldsymbol{x}_{k-1}$ が時刻 t_{k-1} でのフィルタ分布 $p(\boldsymbol{x}_{k-1}|\boldsymbol{y}_{1:k-1})$ に従い，$\boldsymbol{v}_k$ が $\boldsymbol{x}_{k-1}$ と独立な分布 $p(\boldsymbol{v}_k)$ に従うとしたときの $\boldsymbol{x}_k$ の分布である．したがって，$p(\boldsymbol{x}_k|\boldsymbol{y}_{1:k-1})$ に従う $\boldsymbol{x}_k$ の乱数 $\boldsymbol{x}_{k|k-1}^{(i)}$ は，$p(\boldsymbol{x}_{k-1}|\boldsymbol{y}_{1:k-1})$ に従う乱数 $\boldsymbol{x}_{k-1|k-1}^{(i)}$ と，$p(\boldsymbol{v}_k)$ に従う乱数 $\boldsymbol{v}_k^{(i)}$ を用いて

$$\boldsymbol{x}_{k|k-1}^{(i)} = \boldsymbol{f}(\boldsymbol{x}_{k-1|k-1}^{(i)}) + \boldsymbol{v}_k^{(i)} \tag{5.12}$$

により得られる．関数 $\boldsymbol{f}$ はシミュレーションモデルで計算される時間発展を表しているので，$p(\boldsymbol{x}_{k-1}|\boldsymbol{y}_{1:k-1})$ に従う乱数 $\boldsymbol{x}_{k-1|k-1}^{(i)}$ を与えて時刻 t_{k-1} から t_k までシミュレーションを実行し，それに $\boldsymbol{v}_k^{(i)}$ を足すと $\boldsymbol{x}_{k|k-1}^{(i)}$ が得られるということになる．この操作を $i = 1, \ldots, N$ に対して実行すれば，予測分布を近似するアンサンブル $\{\boldsymbol{x}_{k|k-1}^{(i)}\}_{i=1}^N$ が得られることになる（図5.1）．本書では，このアンサンブルを**予測アンサンブル**と呼ぶことにする．

予測アンサンブルが得られれば，その標本平均，標本分散共分散行列を計算することで，予測分布の平均ベクトルや分散共分散行列の近似を得ることもできる．アンサンブル $\{\boldsymbol{x}_{k|k-1}^{(i)}\}_{i=1}^N$ の標本平均 $\hat{\boldsymbol{x}}_{k|k-1}$ は式 (5.3) を使うと，

5.2 モンテカルロ近似による予測

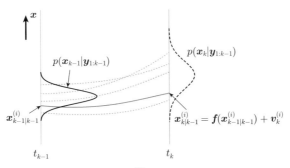

図 5.1 N 個のアンサンブルメンバー $\bm{x}_{k-1|k-1}^{(i)}$ のそれぞれに式 (5.12) を適用することで，予測分布 $p(\bm{x}_k|\bm{y}_{1:k-1})$ を近似するアンサンブルが得られる．

$$\begin{aligned}
\hat{\bm{x}}_{k|k-1} &= \frac{1}{N}\sum_{i=1}^{N}\bm{x}_{k|k-1}^{(i)} = \frac{1}{N}\sum_{i=1}^{N}\bm{f}(\bm{x}_{k-1|k-1}^{(i)}) + \frac{1}{N}\sum_{i=1}^{N}\bm{v}_{k}^{(i)} \\
&\approx \int \bm{f}(\bm{x}_{k-1})\,p(\bm{x}_{k-1}|\bm{y}_{1:k-1})\,d\bm{x}_{k-1} + \int \bm{v}_k\,p(\bm{v}_k)\,d\bm{v}_k \quad (5.13) \\
&= \int \bm{f}(\bm{x}_{k-1})\,p(\bm{x}_{k-1}|\bm{y}_{1:k-1})\,d\bm{x}_{k-1}.
\end{aligned}$$

最後の式変形は，式 (5.10) で $p(\bm{v}_k)$ の平均を $\bm{0}$ と仮定したことによる．一方，式 (5.8) のシステムモデルにおいて，$p(\bm{x}_{k-1}|\bm{y}_{1:k-1})$, $p(\bm{v}_k)$ を与えた上で $\bm{x}_k$ の平均ベクトル $\bar{\bm{x}}_{k|k-1}$ を求めてみると，

$$\begin{aligned}
\bar{\bm{x}}_{k|k-1} &= \int (\bm{f}(\bm{x}_{k-1}) + \bm{v}_k)\,p(\bm{x}_{k-1}|\bm{y}_{1:k-1})p(\bm{v}_k)\,d\bm{x}_{k-1}\,d\bm{v}_k \\
&= \int \bm{f}(\bm{x}_{k-1})\,p(\bm{x}_{k-1}|\bm{y}_{1:k-1})\,d\bm{x}_{k-1} + \int \bm{v}_k\,p(\bm{v}_k)\,d\bm{v}_k \quad (5.14) \\
&= \int \bm{f}(\bm{x}_{k-1})\,p(\bm{x}_{k-1}|\bm{y}_{1:k-1})\,d\bm{x}_{k-1}.
\end{aligned}$$

なので，

$$\hat{\bm{x}}_{k|k-1} \approx \bar{\bm{x}}_{k|k-1} \quad (5.15)$$

となり，予測アンサンブルの標本平均が予測分布の平均に近似的に等しくなることが確認できる（$N \to \infty$ で漸近的に等しくなる）．同様に，$\{\bm{x}_{k|k-1}^{(i)}\}_{i=1}^{N}$ の（不偏）標本分散共分散行列を計算すると，

$$\hat{\mathbf{P}}_{k|k-1}$$

$$= \frac{1}{N-1} \sum_{i=1}^{N} (\boldsymbol{x}_{k|k-1}^{(i)} - \hat{\boldsymbol{x}}_{k|k-1})(\boldsymbol{x}_{k|k-1}^{(i)} - \hat{\boldsymbol{x}}_{k|k-1})^{\mathsf{T}}$$

$$= \frac{1}{N-1} \sum_{i=1}^{N} \left(\boldsymbol{f}(\boldsymbol{x}_{k|k-1}^{(i)}) + \boldsymbol{v}_k^{(i)} - \hat{\boldsymbol{x}}_{k|k-1} \right) \left(\boldsymbol{f}(\boldsymbol{x}_{k|k-1}^{(i)}) + \boldsymbol{v}_k^{(i)} - \hat{\boldsymbol{x}}_{k|k-1} \right)^{\mathsf{T}}$$

$$= \frac{1}{N-1} \sum_{i=1}^{N} \left(\boldsymbol{f}(\boldsymbol{x}_{k|k-1}^{(i)}) - \hat{\boldsymbol{x}}_{k|k-1} \right) \left(\boldsymbol{f}(\boldsymbol{x}_{k|k-1}^{(i)}) - \hat{\boldsymbol{x}}_{k|k-1} \right)^{\mathsf{T}}$$

$$+ \frac{1}{N-1} \sum_{i=1}^{N} (\boldsymbol{v}_k^{(i)} - \hat{\boldsymbol{v}}_k)(\boldsymbol{v}_k^{(i)} - \hat{\boldsymbol{v}}_k)^{\mathsf{T}}$$

$$\approx \int (\boldsymbol{f}(\boldsymbol{x}_{k-1}) - \bar{\boldsymbol{x}}_{k|k-1})(\boldsymbol{f}(\boldsymbol{x}_{k-1}) - \bar{\boldsymbol{x}}_{k|k-1})^{\mathsf{T}} p(\boldsymbol{x}_{k-1}|\boldsymbol{y}_{1:k-1}) \, d\boldsymbol{x}_{k-1}$$

$$+ \int \boldsymbol{v}_k \boldsymbol{v}_k^{\mathsf{T}} p(\boldsymbol{v}_k) \, d\boldsymbol{v}_k. \tag{5.16}$$

ただし，$\boldsymbol{v}_k$ が $\boldsymbol{f}(\boldsymbol{x}_{k-1})$ と独立なので，$\{\boldsymbol{f}(\boldsymbol{x}_{k|k-1}^{(i)})\}_{i=1}^{N}$ と $\{\boldsymbol{v}_k^{(i)}\}_{i=1}^{N}$ が無相関になることから，

$$\frac{1}{N-1} \sum_{i=1}^{N} \left(\boldsymbol{f}(\boldsymbol{x}_{k|k-1}^{(i)}) - \hat{\boldsymbol{x}}_{k|k-1} \right) (\boldsymbol{v}_k^{(i)} - \hat{\boldsymbol{v}}_k)^{\mathsf{T}} \approx \mathbf{O}$$

とした．式 (5.8) のシステムモデルで，$p(\boldsymbol{x}_{k-1}|\boldsymbol{y}_{1:k-1})$，$p(\boldsymbol{v}_k)$ の下で分散共分散行列 $\mathbf{P}_{k|k-1}$ を求めると，

$$\mathbf{P}_{k|k-1}$$

$$= \int \left(\boldsymbol{f}(\boldsymbol{x}_{k-1}) + \boldsymbol{v}_k - \bar{\boldsymbol{x}}_{k|k-1} \right) \left(\boldsymbol{f}(\boldsymbol{x}_{k-1}) + \boldsymbol{v}_k - \bar{\boldsymbol{x}}_{k|k-1} \right)^{\mathsf{T}}$$

$$\times p(\boldsymbol{x}_{k-1}|\boldsymbol{y}_{1:k-1}) p(\boldsymbol{v}_k) \, d\boldsymbol{x}_{k-1} \, d\boldsymbol{v}_k$$

$$= \int (\boldsymbol{f}(\boldsymbol{x}_{k-1}) - \bar{\boldsymbol{x}}_{k|k-1})(\boldsymbol{f}(\boldsymbol{x}_{k-1}) - \bar{\boldsymbol{x}}_{k|k-1})^{\mathsf{T}} p(\boldsymbol{x}_{k-1}|\boldsymbol{y}_{1:k-1}) \, d\boldsymbol{x}_{k-1}$$

$$+ \int \boldsymbol{v}_k \boldsymbol{v}_k^{\mathsf{T}} p(\boldsymbol{v}_k) \, d\boldsymbol{v}_k. \tag{5.17}$$

ただし，$\boldsymbol{f}(\boldsymbol{x}_{k-1})$ と $\boldsymbol{v}_k$ が独立，無相関なので，

$$\int \left(\boldsymbol{f}(\boldsymbol{x}_{k-1}) - \bar{\boldsymbol{x}}_{k|k-1} \right) \boldsymbol{v}_k^{\mathsf{T}} \, d\boldsymbol{v}_k = \mathbf{O}$$

とした. 式 (5.16) と (5.17) より, 確かに

$$\hat{\mathbf{P}}_{k|k-1} \approx \mathbf{P}_{k|k-1} \tag{5.18}$$

がいえる.

このように, 式 (5.12) から得られる予測アンサンブルを使えば, 予測分布 $p(\boldsymbol{x}_k|\boldsymbol{y}_{1:k-1})$ の平均ベクトル $\boldsymbol{x}_{k|k-1}$, 分散共分散行列 $\mathbf{P}_{k|k-1}$ も標本平均, 標本分散共分散行列で近似できる. このとき, システムモデルに現れる関数 $\boldsymbol{f}$ のヤコビ行列 $\tilde{\mathbf{F}}$ は必要なく, $\boldsymbol{f}$ を非線型のまま扱うことができる. 予測アンサンブルを得るために, 式 (5.12) は N 回実行されるので, シミュレーションを N 回動かす必要があるが, 各アンサンブルメンバーの計算は独立に実行可能なので, 計算機資源が許せば並列に計算することも可能である.

なお, 予測アンサンブルを得るために, 式 (5.12) ではなく,

$$\boldsymbol{x}_{k|k-1}^{(i)} = \boldsymbol{f}(\boldsymbol{x}_{k-1|k-1}^{(i)} + \boldsymbol{v}_k^{(i)}) \tag{5.19}$$

のように, シミュレーションモデル $\boldsymbol{f}$ を実行する前にシステムノイズ $\boldsymbol{v}_k^{(i)}$ を足すという方法を用いることもある. この場合, 式 (5.8) のシステムモデルではなく,

$$\boldsymbol{x}_k = \boldsymbol{f}(\boldsymbol{x}_{k-1} + \boldsymbol{v}_k) \tag{5.20}$$

のような少し違ったシステムモデルを考えていることになるが, これでも実用上の問題はない.

5.3 アンサンブルカルマンフィルタ (摂動観測法)

次は, フィルタ分布 $p(\boldsymbol{x}_k|\boldsymbol{y}_{1:k})$ の推定である. 先に述べたように, 時刻 t_{k-1} のフィルタ分布 $p(\boldsymbol{x}_{k-1}|\boldsymbol{y}_{1:k-1})$ を正規分布で与えても, システムモデルが非線型であれば, 時刻 t_k の予測分布 $p(\boldsymbol{x}_k|\boldsymbol{y}_{1:k-1})$ は一般に正規

68　　　第5章　アンサンブルカルマンフィルタ

分布にはならない．以下で説明する**アンサンブルカルマンフィルタ** (ensemble Kalman filter; EnKF)[7] では，アンサンブルで予測分布を求めたあと，予測分布を正規分布と仮定するカルマンフィルタのアルゴリズムに基づいて，フィルタ分布 $p(\boldsymbol{x}_k|\boldsymbol{y}_{1:k})$ を近似的に表現するアンサンブル $\{\boldsymbol{x}_{k|k}^{(i)}\}_{i=1}^{N}$ を求める．

　以下では，このフィルタ分布を表現するアンサンブルのことを**フィルタアンサンブル**と呼ぶことにする．なお，アンサンブルで表現された予測分布から，カルマンフィルタの式 (4.17)-(4.19) に基づいてフィルタアンサンブルを得る手法はいくつか存在し，そうした手法を総称してアンサンブルカルマンフィルタと呼ぶ場合もある．本章で紹介するのは，その中でも初期に提案された**摂動観測法** (perturbed observation method)[6] と呼ばれる手法になるが，本書では，これを単にアンサンブルカルマンフィルタと呼ぶことにする．

　アンサンブルカルマンフィルタは，予測アンサンブルの標本平均と標本分散共分散行列

$$\hat{\boldsymbol{x}}_{k|k-1} = \frac{1}{N} \sum_{i=1}^{N} \boldsymbol{x}_{k|k-1}^{(i)}, \tag{5.21}$$

$$\hat{\mathbf{P}}_{k|k-1} = \frac{1}{N-1} \sum_{i=1}^{N} (\boldsymbol{x}_{k|k-1}^{(i)} - \hat{\boldsymbol{x}}_{k|k-1})(\boldsymbol{x}_{k|k-1}^{(i)} - \hat{\boldsymbol{x}}_{k|k-1})^{\mathsf{T}} \tag{5.22}$$

に基づいてアルゴリズムが構成される．ここで，標本分散共分散行列 $\hat{\mathbf{P}}_{k|k-1}$ を真面目に計算しようとすると大きなメモリ領域が必要になってしまうが，その問題を回避する方法はあとで述べることにして，まずはアルゴリズムの基本的な考え方を説明していくことにする．仮に $\hat{\mathbf{P}}_{k|k-1}$ が得られたとすれば，式 (4.17) の要領でモンテカルロ近似に基づくカルマンゲインを求めることができる：

$$\hat{\mathbf{K}}_k = \hat{\mathbf{P}}_{k|k-1} \mathbf{H}_k^{\mathsf{T}} (\mathbf{H}_k \hat{\mathbf{P}}_{k|k-1} \mathbf{H}_k^{\mathsf{T}} + \mathbf{R}_k)^{-1}. \tag{5.23}$$

このあとは，式 (4.18), (4.19) に従って，

$$\hat{\boldsymbol{x}}_{k|k} = \hat{\boldsymbol{x}}_{k|k-1} + \hat{\mathbf{K}}_k(\boldsymbol{y}_k - \mathbf{H}_k\hat{\boldsymbol{x}}_{k|k-1}), \tag{5.24}$$

$$\hat{\mathbf{P}}_{k|k} = (\mathbf{I}_m - \hat{\mathbf{K}}_k\mathbf{H}_k)\hat{\mathbf{P}}_{k|k-1} \tag{5.25}$$

を計算してもよいのだが,アンサンブルカルマンフィルタでは,$i = 1,$ $\ldots, N$ について,

$$\boldsymbol{x}_{k|k}^{(i)} = \boldsymbol{x}_{k|k-1}^{(i)} + \hat{\mathbf{K}}_k(\boldsymbol{y}_k + \boldsymbol{w}_k^{(i)} - \mathbf{H}_k\boldsymbol{x}_{k|k-1}^{(i)}) \tag{5.26}$$

を求めることで,フィルタ分布 $p(\boldsymbol{x}_k|\boldsymbol{y}_{1:k})$ を表現するフィルタアンサンブル $\{\boldsymbol{x}_{k|k}^{(i)}\}_{i=1}^{N}$ を得る.この式はカルマンフィルタの平均ベクトルを求める式 (5.24) と似ているが,$\boldsymbol{w}_k^{(i)}$ が追加されている.これは観測ノイズの分布 $p(\boldsymbol{w}_k)$ に従う乱数で,これを足すことにより,更新されたアンサンブルメンバーの標本分散共分散行列がカルマンフィルタで得られる分散共分散行列と $N \to \infty$ で等しくなるようにしている.この点についてはこのあとで確認する.摂動観測法と呼ばれるのは,観測 $\boldsymbol{y}_k$ に摂動 $\boldsymbol{w}_k^{(i)}$ を加えることによる.

さて,実際に式 (5.26) で得られたフィルタアンサンブル $\{\boldsymbol{x}_{k|k}^{(i)}\}_{i=1}^{N}$ の標本平均ベクトルを計算してみると

$$
\begin{aligned}
\hat{\boldsymbol{x}}_{k|k} &= \frac{1}{N}\sum_{i=1}^{N}\left[\boldsymbol{x}_{k|k-1}^{(i)} + \hat{\mathbf{K}}_k(\boldsymbol{y}_k + \boldsymbol{w}_k^{(i)} - \mathbf{H}_k\boldsymbol{x}_{k|k-1}^{(i)})\right] \\
&= \hat{\boldsymbol{x}}_{k|k-1} + \hat{\mathbf{K}}_k(\boldsymbol{y}_k + \hat{\boldsymbol{w}}_k - \mathbf{H}_k\hat{\boldsymbol{x}}_{k|k-1}).
\end{aligned}
\tag{5.27}
$$

ただし,$\hat{\boldsymbol{w}}_k$ は $\{\boldsymbol{w}_k^{(i)}\}_{i=1}^{N}$ の標本平均

$$\hat{\boldsymbol{w}}_k = \frac{1}{N}\sum_{i=1}^{N}\boldsymbol{w}_k^{(i)} \tag{5.28}$$

である.式 (5.11) で $p(\boldsymbol{w}_k)$ の平均を $\boldsymbol{0}$ と仮定したことから,$\hat{\boldsymbol{w}}_k \approx \boldsymbol{0}$ なので,

$$\hat{\boldsymbol{x}}_{k|k} \approx \hat{\boldsymbol{x}}_{k|k-1} + \hat{\mathbf{K}}_k(\boldsymbol{y}_k - \mathbf{H}_k\hat{\boldsymbol{x}}_{k|k-1}) \tag{5.29}$$

となり,$\hat{\boldsymbol{x}}_{k|k}$ はカルマンフィルタの式 (5.24) で得られる平均と近似的に

等しくなる（$N \to \infty$ で漸近的に等しくなる）.

分散共分散行列についても，フィルタアンサンブル $\{\boldsymbol{x}_{k|k}^{(i)}\}_{i=1}^{N}$ の標本分散共分散行列がカルマンフィルタで得られるものと近似的に等しくなる.準備として $\boldsymbol{x}_{k|k}^{(i)} - \hat{\boldsymbol{x}}_{k|k}$ を計算しておくと，式 (5.26), (5.27) より，

$$
\begin{aligned}
\boldsymbol{x}_{k|k}^{(i)} &- \hat{\boldsymbol{x}}_{k|k} \\
&= (\boldsymbol{x}_{k|k-1}^{(i)} - \hat{\boldsymbol{x}}_{k|k-1}) + \hat{\mathbf{K}}_k(\boldsymbol{w}_k^{(i)} - \hat{\boldsymbol{w}}_k) - \hat{\mathbf{K}}_k\mathbf{H}_k(\boldsymbol{x}_{k|k-1}^{(i)} - \hat{\boldsymbol{x}}_{k|k-1}) \\
&= (\mathbf{I}_m - \hat{\mathbf{K}}_k\mathbf{H}_k)(\boldsymbol{x}_{k|k-1}^{(i)} - \hat{\boldsymbol{x}}_{k|k-1}) + \hat{\mathbf{K}}_k(\boldsymbol{w}_k^{(i)} - \hat{\boldsymbol{w}}_k). \quad (5.30)
\end{aligned}
$$

したがって，

$$
\begin{aligned}
\hat{\mathbf{P}}_{k|k} &= \frac{1}{N-1} \sum_{i=1}^{N} \left(\boldsymbol{x}_{k|k}^{(i)} - \hat{\boldsymbol{x}}_{k|k}\right)\left(\boldsymbol{x}_{k|k}^{(i)} - \hat{\boldsymbol{x}}_{k|k}\right)^{\mathsf{T}} \\
&\approx \frac{1}{N-1} \sum_{i=1}^{N} \left(\mathbf{I}_m - \hat{\mathbf{K}}_k\mathbf{H}_k\right)\left(\boldsymbol{x}_{k|k-1}^{(i)} - \hat{\boldsymbol{x}}_{k|k-1}\right) \\
&\qquad\qquad \times \left(\boldsymbol{x}_{k|k-1}^{(i)} - \hat{\boldsymbol{x}}_{k|k-1}\right)^{\mathsf{T}}\left(\mathbf{I}_m - \hat{\mathbf{K}}_k\mathbf{H}_k\right)^{\mathsf{T}} \quad (5.31) \\
&\quad + \frac{1}{N-1} \sum_{i=1}^{N} \hat{\mathbf{K}}_k(\boldsymbol{w}_k^{(i)} - \hat{\boldsymbol{w}}_k)(\boldsymbol{w}_k^{(i)} - \hat{\boldsymbol{w}}_k)^{\mathsf{T}}\hat{\mathbf{K}}_k^{\mathsf{T}} \\
&\approx \left(\mathbf{I}_m - \hat{\mathbf{K}}_k\mathbf{H}_k\right)\hat{\mathbf{P}}_{k|k-1}\left(\mathbf{I}_m - \hat{\mathbf{K}}_k\mathbf{H}_k\right)^{\mathsf{T}} + \hat{\mathbf{K}}_k\mathbf{R}_k\hat{\mathbf{K}}_k^{\mathsf{T}}.
\end{aligned}
$$

ただし，$\boldsymbol{x}_{k|k}^{(i)}$ と $\boldsymbol{w}_k^{(i)}$ が独立，したがって無相関とし，以下のように近似した：

$$
\frac{1}{N-1} \sum_{i=1}^{N} \left(\boldsymbol{x}_{k|k-1}^{(i)} - \hat{\boldsymbol{x}}_{k|k-1}\right)\boldsymbol{w}_k^{(i)\mathsf{T}} \approx \mathbf{O}.
$$

また，$\{\boldsymbol{w}_k^{(i)}\}_{i=1}^{N}$ が式 (5.11) より $\mathcal{N}(\mathbf{0}, \mathbf{R}_k)$ に従うので，

$$
\frac{1}{N-1} \sum_{i=1}^{N} \left(\boldsymbol{w}_k^{(i)} - \hat{\boldsymbol{w}}_k\right)\left(\boldsymbol{w}_k^{(i)} - \hat{\boldsymbol{w}}_k\right)^{\mathsf{T}} \approx \mathbf{R}_k
$$

と近似した．$\hat{\mathbf{P}}_{k|k}$ をさらに計算すると，

$$\hat{\mathbf{P}}_{k|k}$$

$$\approx \left(\mathbf{I}_m - \hat{\mathbf{K}}_k\mathbf{H}_k\right)\hat{\mathbf{P}}_{k|k-1}\left(\mathbf{I}_m - \hat{\mathbf{K}}_k\mathbf{H}_k\right)^\mathsf{T} + \hat{\mathbf{K}}_k\mathbf{R}_k\hat{\mathbf{K}}_k^\mathsf{T}$$

$$= \left(\mathbf{I}_m - \hat{\mathbf{K}}_k\mathbf{H}_k\right)\hat{\mathbf{P}}_{k|k-1} - \left(\mathbf{I}_m - \hat{\mathbf{K}}_k\mathbf{H}_k\right)\hat{\mathbf{P}}_{k|k-1}\mathbf{H}_k^\mathsf{T}\hat{\mathbf{K}}_k^\mathsf{T} + \hat{\mathbf{K}}_k\mathbf{R}_k\hat{\mathbf{K}}_k^\mathsf{T}$$

$$= \left(\mathbf{I}_m - \hat{\mathbf{K}}_k\mathbf{H}_k\right)\hat{\mathbf{P}}_{k|k-1} - \hat{\mathbf{P}}_{k|k-1}\mathbf{H}_k^\mathsf{T}\hat{\mathbf{K}}_k^\mathsf{T} + \hat{\mathbf{K}}_k(\mathbf{H}_k\hat{\mathbf{P}}_{k|k-1}\mathbf{H}_k^\mathsf{T} + \mathbf{R}_k)\hat{\mathbf{K}}_k^\mathsf{T}$$

$$= \left(\mathbf{I}_m - \hat{\mathbf{K}}_k\mathbf{H}_k\right)\hat{\mathbf{P}}_{k|k-1} - \hat{\mathbf{P}}_{k|k-1}\mathbf{H}_k^\mathsf{T}\hat{\mathbf{K}}_k^\mathsf{T} + \hat{\mathbf{P}}_{k|k-1}\mathbf{H}_k^\mathsf{T}\hat{\mathbf{K}}_k^\mathsf{T}$$

$$= \left(\mathbf{I}_m - \hat{\mathbf{K}}_k\mathbf{H}_k\right)\hat{\mathbf{P}}_{k|k-1}$$

となり，確かに式 (5.26) で得られるアンサンブルの標本分散共分散行列は，カルマンフィルタの式に基づいて得られる式 (5.25) の分散共分散行列と近似的に等しくなる．

　以上のように，各アンサンブルメンバー $(i = 1, \dots, N)$ に式 (5.26) を適用すれば，フィルタ分布 $p(\boldsymbol{x}_k|\boldsymbol{y}_{1:k})$ の平均ベクトル，分散共分散行列を近似するフィルタアンサンブルが得られる．式 (5.12) と式 (5.26) を用いて逐次データ同化を行うのが，アンサンブルカルマンフィルタの中でも摂動観測法と呼ばれるものである．以上で述べたアルゴリズムをまとめるとアルゴリズム 3 のようになる．

　なお，通常はフィルタアンサンブルを求めたあと，$\boldsymbol{x}_k$ の推定値として，フィルタアンサンブルの標本平均

$$\hat{\boldsymbol{x}}_{k|k} = \frac{1}{N}\sum_{i=1}^{N}\boldsymbol{x}_{k|k}^{(i)} \tag{5.32}$$

も計算する．また，必要に応じて，推定の不確かさの評価のためにフィルタアンサンブルの標本標準偏差も計算する．標本標準偏差というのは，標本分散共分散行列

$$\hat{\mathbf{P}}_{k|k} = \frac{1}{N-1}\sum_{i=1}^{N}(\boldsymbol{x}_{k|k}^{(i)} - \hat{\boldsymbol{x}}_{k|k})(\boldsymbol{x}_{k|k}^{(i)} - \hat{\boldsymbol{x}}_{k|k})^\mathsf{T} \tag{5.33}$$

の各対角要素の平方根である．

72 第5章 アンサンブルカルマンフィルタ

アルゴリズム3 アンサンブルカルマンフィルタ（摂動観測法）

1: $p(\boldsymbol{x}_0)$ に従うアンサンブル $\{\boldsymbol{x}_{0|0}^{(i)}\}_{i=1}^{N}$ を生成する.

2: **for** $k := 1, \ldots, K$ **do** $\triangleright$ # k は時間ステップ

    # [一期先予測]

3:      **for** $i := 1, \ldots, N$ **do**

4:          $p(\boldsymbol{v}_k)$ に従う乱数 $\boldsymbol{v}_k^{(i)}$ を生成

5:          $\boldsymbol{x}_{k|k-1}^{(i)} := \boldsymbol{f}(\boldsymbol{x}_{k-1|k-1}^{(i)}) + \boldsymbol{v}_k^{(i)}$

6:      **end for**

    # [フィルタリング]

7:      $\hat{\boldsymbol{x}}_{k|k-1} := \dfrac{1}{N} \sum_{i=1}^{N} \boldsymbol{x}_{k|k-1}^{(i)}$

8:      $\hat{\mathbf{P}}_{k|k-1} := \dfrac{1}{N-1} \sum_{i=1}^{N} (\boldsymbol{x}_{k|k-1}^{(i)} - \hat{\boldsymbol{x}}_{k|k-1})(\boldsymbol{x}_{k|k-1}^{(i)} - \hat{\boldsymbol{x}}_{k|k-1})^{\mathsf{T}}$

9:      $\hat{\mathbf{K}}_k := \hat{\mathbf{P}}_{k|k-1} \mathbf{H}_k^{\mathsf{T}} (\mathbf{H}_k \hat{\mathbf{P}}_{k|k-1} \mathbf{H}_k^{\mathsf{T}} + \mathbf{R}_k)^{-1}$

10:      **for** $i := 1, \ldots, N$ **do**

11:          $p(\boldsymbol{w}_k)$ に従う乱数 $\boldsymbol{w}_k^{(i)}$ を生成

12:          $\boldsymbol{x}_{k|k}^{(i)} := \boldsymbol{x}_{k|k-1}^{(i)} + \hat{\mathbf{K}}_k(\boldsymbol{y}_k + \boldsymbol{w}_k^{(i)} - \mathbf{H}_k \boldsymbol{x}_{k|k-1}^{(i)})$

13:      **end for**

14: **end for**

　アンサンブルカルマンフィルタは，シミュレーションモデルをそのまま $\boldsymbol{f}$ として使うため，カルマンフィルタや拡張カルマンフィルタと比較して容易に実装できる．各時間ステップで，シミュレーションを N 回実行する必要があるが，N 個のアンサンブルメンバーの計算は独立に実行できるため，並列計算によって計算効率を上げることが可能である．なお，アンサンブルカルマンフィルタは，$\boldsymbol{f}$ が非線型でも適用できるが，これまでの説明でも分かるように，線型の問題に適用した場合には，$N \to \infty$ でカルマンフィルタと一致するようにアルゴリズムが構成されている．ただし，N が十分大きくない場合には，乱数を用いたことに起因するランダムな誤差が問題になる場合がある．

5.3 アンサンブルカルマンフィルタ（摂動観測法）

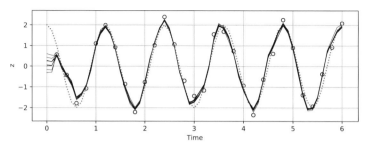

図 5.2 アンサンブルカルマンフィルタ（摂動観測法）による単振動の推定結果（$N = 50$ の場合）．白丸は推定に使用した観測データ，灰色の点線は真の値，黒の実線はそれぞれが別々の乱数系列を与えて得られたフィルタ推定値を示す．

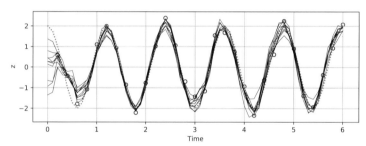

図 5.3 アンサンブルカルマンフィルタ（摂動観測法）による単振動の推定結果（$N = 5$ の場合）．

図 5.2，図 5.3 は，図 4.2 と同じ単振動の問題にアンサンブルカルマンフィルタを適用した結果で，それぞれアンサンブルメンバー数は $N = 50$，$N = 5$ として計算している．図 4.2 で使ったのと同じ観測データを用いており，図 4.2 と同じく，$\sigma_Q = 1$，$\sigma_R = 0.3$ として推定を行っている．いずれの図においても，白丸が観測データ，灰色の点線が真の値（式 (4.36) の解析解）を示しており，黒の実線はそれぞれが 10 種類の異なる乱数の種を与えて得られた z のフィルタ推定値を示している．$N = 50$ の場合，どの実線も概ね同じ値になっており，図 4.2 のカルマンフィルタの結果とも合っている．一方，$N = 5$ の場合も振動のパターンは概ね捉えられているが，乱数の種によって結果がかなり異なっている．

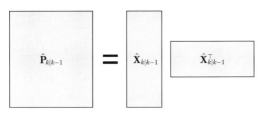

図 5.4 標本分散共分散行列を平方根で表すことでメモリを節約する.

5.4 実装上の工夫

さて,先にも触れたが,式 (5.22) のように標本分散共分散行列 $\hat{\mathbf{P}}_{k|k-1}$ は,$\boldsymbol{x}_k$ の次元を m とすれば,$m \times m$ のサイズになる.大規模な問題では m が大きくなるため,$\hat{\mathbf{P}}_{k|k-1}$ を真面目に計算しようとするとメモリが足りなくなってしまう.しかし,少し式変形をしてやると,上記のアルゴリズムと等価で,$\hat{\mathbf{P}}_{k|k-1}$ の計算を回避可能なアルゴリズムが得られる.

まず準備として,

$$\hat{\mathbf{X}}_{k|k-1} = \frac{1}{\sqrt{N-1}} \left(\boldsymbol{x}_{k|k-1}^{(1)} - \hat{\boldsymbol{x}}_{k|k-1} \quad \cdots \quad \boldsymbol{x}_{k|k-1}^{(N)} - \hat{\boldsymbol{x}}_{k|k-1} \right) \quad (5.34)$$

のように行列 $\hat{\mathbf{X}}_{k|k-1}$ を定義しておく.右辺の括弧は各予測アンサンブルの標本平均からの残差を N 個横に並べた $m \times N$ 行列である.それを $\sqrt{N-1}$ で割ったものが $\hat{\mathbf{X}}_{k|k-1}$ なので $\hat{\mathbf{X}}_{k|k-1}$ も $m \times N$ 行列である.$\hat{\mathbf{X}}_{k|k-1}$ を用いると予測アンサンブルの標本分散共分散行列 $\hat{\mathbf{P}}_{k|k-1}$ (式 (5.22)) が

$$\hat{\mathbf{P}}_{k|k-1} = \hat{\mathbf{X}}_{k|k-1} \hat{\mathbf{X}}_{k|k-1}^{\mathsf{T}} \quad (5.35)$$

と書ける.この行列 $\hat{\mathbf{X}}_{k|k-1}$ は標本分散共分散行列 $\hat{\mathbf{P}}_{k|k-1}$ の平方根と呼ぶ.$\hat{\mathbf{P}}_{k|k-1}$ の代わりに,$\hat{\mathbf{X}}_{k|k-1}$ を使うようにすれば,図 5.4 に示すようにメモリを節約することができる.

そこで,式 (5.23) のカルマンゲインを $\hat{\mathbf{X}}_{k|k-1}$ を使って以下のように書き直す:

$$\hat{\mathbf{K}}_k = \hat{\mathbf{P}}_{k|k-1}\mathbf{H}_k^\mathsf{T}(\mathbf{H}_k\hat{\mathbf{P}}_{k|k-1}\mathbf{H}_k^\mathsf{T} + \mathbf{R}_k)^{-1}$$
$$= \hat{\mathbf{X}}_{k|k-1}\hat{\mathbf{X}}_{k|k-1}^\mathsf{T}\mathbf{H}_k^\mathsf{T}(\mathbf{H}_k\hat{\mathbf{X}}_{k|k-1}\hat{\mathbf{X}}_{k|k-1}^\mathsf{T}\mathbf{H}_k^\mathsf{T} + \mathbf{R}_k)^{-1}. \tag{5.36}$$

ここで

$$\hat{\mathbf{Y}}_{k|k-1} = \mathbf{H}_k\hat{\mathbf{X}}_{k|k-1} \tag{5.37}$$

とおくと,

$$\hat{\mathbf{K}}_k = \hat{\mathbf{X}}_{k|k-1}\hat{\mathbf{Y}}_{k|k-1}^\mathsf{T}\left(\hat{\mathbf{Y}}_{k|k-1}\hat{\mathbf{Y}}_{k|k-1}^\mathsf{T} + \mathbf{R}_k\right)^{-1}. \tag{5.38}$$

このように, 先に $\hat{\mathbf{Y}}_{k|k-1}$ を計算しておけば, 計算過程で $m \times m$ 行列が出てくることはない. $n = \dim \boldsymbol{y}_k$ として, 通常は $n \ll m$ なので大幅にメモリを節約することができる[1].

先に述べたように, 通常, アンサンブルメンバー数 N は $\boldsymbol{x}_k$ の次元よりもはるかに小さい数にすることが多く, $n(= \dim \boldsymbol{y}_k)$ より小さい値になっていることも少なくない. もし $N < n$ が成り立っていれば, カルマンゲイン $\hat{\mathbf{K}}_k$ の式をさらに次のように変形するとよい:

$$\hat{\mathbf{K}}_k = \hat{\mathbf{X}}_{k|k-1}\hat{\mathbf{Y}}_{k|k-1}^\mathsf{T}\left(\hat{\mathbf{Y}}_{k|k-1}\hat{\mathbf{Y}}_{k|k-1}^\mathsf{T} + \mathbf{R}_k\right)^{-1}$$
$$= \hat{\mathbf{X}}_{k|k-1}(\mathbf{I}_N + \hat{\mathbf{Y}}_{k|k-1}^\mathsf{T}\mathbf{R}_k^{-1}\hat{\mathbf{Y}}_{k|k-1})^{-1}\hat{\mathbf{Y}}_{k|k-1}^\mathsf{T}\mathbf{R}_k^{-1}. \tag{5.39}$$

ただし, 1 行目から 2 行目への変形には式 (3.35) と同じ式変形を使った. 式 (5.39) を使うと, $n \times n$ 行列の逆行列を計算する代わりに $N \times N$ 行列 $(\mathbf{I}_N + \hat{\mathbf{Y}}_{k|k-1}^\mathsf{T}\mathbf{R}_k^{-1}\hat{\mathbf{Y}}_{k|k-1})$ の逆行列を計算すれば済むので, さらに計算量を抑えることができる.

なお, アンサンブルカルマンフィルタの更新式 (5.26) に式 (5.39) を代入すると,

---

[1]式 (1.6) のように観測が非線型の場合にも式 (5.38) の形を利用することがある. この場合, $\hat{\mathbf{Y}}_{k|k-1}$ を $\hat{\mathbf{Y}}_{k|k-1} = \frac{1}{\sqrt{N-1}}\left(\boldsymbol{h}(\boldsymbol{x}_{k|k-1}^{(1)}) - \hat{\boldsymbol{h}}_{k|k-1} \quad \cdots \quad \boldsymbol{h}(\boldsymbol{x}_{k|k-1}^{(N)}) - \hat{\boldsymbol{h}}_{k|k-1}\right)$ のような $n \times N$ 行列にする. ただし, $\hat{\boldsymbol{h}}_{k|k-1}$ は $\{\boldsymbol{h}(\boldsymbol{x}_{k|k-1}^{(i)})\}_{i=1}^{N}$ の標本平均である.

$$\boldsymbol{x}_{k|k}^{(i)} = \boldsymbol{x}_{k|k-1}^{(i)} + \hat{\mathbf{K}}_k(\boldsymbol{y}_k + \boldsymbol{w}_k^{(i)} - \mathbf{H}_k \boldsymbol{x}_{k|k-1}^{(i)})$$

$$= \boldsymbol{x}_{k|k-1}^{(i)} + \hat{\mathbf{X}}_{k|k-1}(\mathbf{I}_N + \hat{\mathbf{Y}}_{k|k-1}^{\mathsf{T}}\mathbf{R}_k^{-1}\hat{\mathbf{Y}}_{k|k-1})^{-1}\hat{\mathbf{Y}}_{k|k-1}^{\mathsf{T}}\mathbf{R}_k^{-1}$$

$$\times(\boldsymbol{y}_k + \boldsymbol{w}_k^{(i)} - \mathbf{H}_k \boldsymbol{x}_{k|k-1}^{(i)})$$

$$\tag{5.40}$$

となるが，ここで N 次元ベクトル

$$\boldsymbol{\beta}_{k|k}^{(i)} = (\mathbf{I}_N + \hat{\mathbf{Y}}_{k|k-1}^{\mathsf{T}}\mathbf{R}_k^{-1}\hat{\mathbf{Y}}_{k|k-1})^{-1}\hat{\mathbf{Y}}_{k|k-1}^{\mathsf{T}}\mathbf{R}_k^{-1}(\boldsymbol{y}_k + \boldsymbol{w}_k^{(i)} - \mathbf{H}_k \boldsymbol{x}_{k|k-1}^{(i)})$$

$$\tag{5.41}$$

を導入すると，

$$\boldsymbol{x}_{k|k}^{(i)} = \boldsymbol{x}_{k|k-1}^{(i)} + \hat{\mathbf{X}}_{k|k-1}\boldsymbol{\beta}_{k|k}^{(i)} \tag{5.42}$$

という形が得られる．この式は，フィルタアンサンブルの各メンバー $\boldsymbol{x}_{k|k}^{(i)}$ が，予測アンサンブル $\{\boldsymbol{x}_{k|k-1}^{(i)}\}_{i=1}^N$ の線型結合で得られることを示している．実際，$\hat{\mathbf{X}}_{k|k-1}$ が式 (5.34) のように定義されていることを思い出すと，式 (5.42) は

$$\boldsymbol{x}_{k|k}^{(i)} = \boldsymbol{x}_{k|k-1}^{(i)} + \frac{1}{\sqrt{N-1}}\sum_{j=1}^N \beta_{k|k,j}^{(i)}\left(\boldsymbol{x}_{k|k-1}^{(j)} - \hat{\boldsymbol{x}}_{k|k-1}\right) \tag{5.43}$$

と書け，$\hat{\boldsymbol{x}}_{k|k-1}$ も式 (5.21) のようにアンサンブルの線型結合の形で得られていることから，各 $\boldsymbol{x}_{k|k}^{(i)}$ が予測アンサンブルの線型結合で表されることはすぐに確認できる．実装上は，このことを意識して，先に各 i について $\boldsymbol{\beta}_{k|k}^{(i)}$ を求めてから，式 (5.42) でフィルタアンサンブルの各メンバー $\boldsymbol{x}_{k|k}^{(i)}$ を求めるという手順にすると扱いやすいことが多い．以上を踏まえて改良したアルゴリズムはアルゴリズム 4 のようになる．

5.5　平滑化

これまで，予測分布 $p(\boldsymbol{x}_k|\boldsymbol{y}_{1:k-1})$ とフィルタ分布 $p(\boldsymbol{x}_k|\boldsymbol{y}_{1:k})$ の計算方法を考えてきた．将来を予測するためによい初期値を作るという目的で

5.5 平滑化 77

アルゴリズム 4 アンサンブルカルマンフィルタ（摂動観測法）の改良版

1: $p(\boldsymbol{x}_0)$ に従うアンサンブル $\{\boldsymbol{x}_{0|0}^{(i)}\}_{i=1}^N$ を生成する.

2: **for** $k := 1, \ldots, K$ **do** $\qquad\qquad\qquad \triangleright \# \ k$ は時間ステップ

$\quad \#$ [一期先予測]

3: $\quad$ **for** $i := 1, \ldots, N$ **do**

4: $\qquad p(\boldsymbol{v}_k)$ に従う乱数 $\boldsymbol{v}_k^{(i)}$ を生成

5: $\qquad \boldsymbol{x}_{k|k-1}^{(i)} := \boldsymbol{f}(\boldsymbol{x}_{k-1|k-1}^{(i)}) + \boldsymbol{v}_k^{(i)}$

6: $\quad$ **end for**

$\quad \#$ [フィルタリング]

7: $\quad \hat{\boldsymbol{x}}_{k|k-1} := \dfrac{1}{N} \displaystyle\sum_{i=1}^N \boldsymbol{x}_{k|k-1}^{(i)}$

8: $\quad \hat{\mathbf{X}}_{k|k-1} := \dfrac{1}{\sqrt{N-1}} \left(\boldsymbol{x}_{k|k-1}^{(1)} - \hat{\boldsymbol{x}}_{k|k-1} \quad \cdots \quad \boldsymbol{x}_{k|k-1}^{(N)} - \hat{\boldsymbol{x}}_{k|k-1} \right)$

9: $\quad \hat{\mathbf{Y}}_{k|k-1} := \mathbf{H}_k \hat{\mathbf{X}}_{k|k-1}$

10: $\quad$ **for** $i := 1, \ldots, N$ **do**

11: $\qquad p(\boldsymbol{w}_k)$ に従う乱数 $\boldsymbol{w}_k^{(i)}$ を生成

12: $\qquad \boldsymbol{y}_k^{\delta\,(i)} := \boldsymbol{y}_k + \boldsymbol{w}_k^{(i)} - \mathbf{H}_k \boldsymbol{x}_{k|k-1}^{(i)}$

13: $\qquad \boldsymbol{\beta}_{k|k}^{(i)} := (\mathbf{I}_N + \hat{\mathbf{Y}}_{k|k-1}^{\mathsf{T}} \mathbf{R}_k^{-1} \hat{\mathbf{Y}}_{k|k-1})^{-1} \hat{\mathbf{Y}}_{k|k-1}^{\mathsf{T}} \mathbf{R}_k^{-1} \boldsymbol{y}_k^{\delta\,(i)}$

14: $\qquad \boldsymbol{x}_{k|k}^{(i)} := \boldsymbol{x}_{k|k-1}^{(i)} + \hat{\mathbf{X}}_{k|k-1} \boldsymbol{\beta}_{k|k}^{(i)}$

15: $\quad$ **end for**

16: **end for**

あれば，フィルタ分布 $p(\boldsymbol{x}_k|\boldsymbol{y}_{1:k})$ で十分ではあるが，時刻 t_k までのデータ $\boldsymbol{y}_{1:k}$ から，t_k よりも前の状態を推定したいという場合もあり得る．このような推定を行うには，$\boldsymbol{y}_{1:k}$ が与えられた下での $\boldsymbol{x}_{k-l}$ $(t_{k-l} < t_k)$ の事後分布 $p(\boldsymbol{x}_{k-l}|\boldsymbol{y}_{1:k})$ を求めればよいが，状態空間モデルに基づく逐次データ同化手法では，状態ベクトルを t_k 以前の状態も含む形に拡張することで，時刻 t_{k-l} $(t_1 < t_{k-l} < t_k)$ における状態 $\boldsymbol{x}_{k-l}$ の推定が実現できる．このように t_k までの観測から t_k よりも過去の状態をさかのぼって

推定する操作を**平滑化** (smoothing) と呼び,平滑化を実現する手法を**スムーザ** (smoother) と呼ぶ.

ここでは,各時間ステップ t_k において,t_k から L ステップさかのぼった時刻 t_{k-L} の推定を行う方法について説明する.一定のステップ数 L をさかのぼった推定を毎ステップ行うことを,特に固定ラグ平滑化 (fixed-lag smoother) と呼んでいる.またこのとき,さかのぼるステップ数 L をラグと呼ぶ.固定ラグ平滑化を実現するには,状態ベクトル $\boldsymbol{x}_k$ を以下のように拡張すればよい:

$$\boldsymbol{x}_k^* = \begin{pmatrix} \boldsymbol{x}_k \\ \boldsymbol{x}_{k-1} \\ \vdots \\ \boldsymbol{x}_{k-L} \end{pmatrix} \tag{5.44}$$

のように,t_k よりも前の状態も含む形で新たに状態ベクトル $\boldsymbol{x}_k^*$ を定義する.これに伴い,状態空間モデルも以下のように構成し直す:

$$\boldsymbol{x}_k^* = \boldsymbol{f}^* \left(\boldsymbol{x}_{k-1}^* \right) + \boldsymbol{v}_k^*, \tag{5.45}$$

$$\boldsymbol{y}_k = \mathbf{H}_k^* \boldsymbol{x}_k^* + \boldsymbol{w}_k. \tag{5.46}$$

ただし,$\boldsymbol{f}^*$, $\boldsymbol{v}_k^*$ はそれぞれ

$$\boldsymbol{f}^* \left(\boldsymbol{x}_{k-1}^* \right) = \begin{pmatrix} \boldsymbol{f} \left(\boldsymbol{x}_{k-1} \right) \\ \boldsymbol{x}_{k-1} \\ \vdots \\ \boldsymbol{x}_{k-L} \end{pmatrix}, \quad \boldsymbol{v}_k^* = \begin{pmatrix} \boldsymbol{v}_k \\ \boldsymbol{0} \\ \vdots \\ \boldsymbol{0} \end{pmatrix} \tag{5.47}$$

のようにおく.式 (5.44), (5.47) を式 (5.45) に代入すると

$$\begin{pmatrix} \boldsymbol{x}_k \\ \boldsymbol{x}_{k-1} \\ \vdots \\ \boldsymbol{x}_{k-L} \end{pmatrix} = \begin{pmatrix} \boldsymbol{f} \left(\boldsymbol{x}_{k-1} \right) \\ \boldsymbol{x}_{k-1} \\ \vdots \\ \boldsymbol{x}_{k-L} \end{pmatrix} + \begin{pmatrix} \boldsymbol{v}_k \\ \boldsymbol{0} \\ \vdots \\ \boldsymbol{0} \end{pmatrix} \tag{5.48}$$

と書き直せる. 式 (5.48) の各項の 1 行目を取り出すと, 式 (5.8) に示す元のシステムモデルと同じものになっており, 各項の 2 行目以降は自明に成り立つ式である. したがって, 式 (5.47) のように $\boldsymbol{f}^*$, $\boldsymbol{v}_k^*$ を与えれば, 式 (5.45) は元のシステムモデルと等価なものになる. また, 式 (5.46) の $\mathbf{H}_k^*$ については,

$$
\mathbf{H}_k^* = (\mathbf{H}_k \quad \overbrace{\mathbf{O} \quad \cdots \quad \mathbf{O}}^{L\ \text{個}}) \tag{5.49}
$$

とおく. こうすると

$$
\mathbf{H}_k^* \boldsymbol{x}_k^* = \mathbf{H}_k \boldsymbol{x}_k \tag{5.50}
$$

が成り立つので, 式 (5.46) は元の観測モデル (5.9) と等価となる. 式 (5.45), (5.46) は元の状態空間モデル (5.8), (5.9) と等価なものであるが, $\boldsymbol{x}_k^*$ には t_k よりも前の時刻の状態が含まれており, $\boldsymbol{x}_k^*$ を推定する逐次データ同化の手法を適用することで, t_k よりも前の時刻の状態の推定, つまり平滑化が実現できる.

式 (5.45), (5.46) を考えれば, 容易にアンサンブルカルマンフィルタを平滑化アルゴリズムに拡張することができる. これを**アンサンブルカルマンスムーザ** (ensemble Kalman smoother)[9] と呼んでいる. まず, $\boldsymbol{x}_k^*$ に関する一期先予測の手続きは,

$$
\boldsymbol{x}_{k|k-1}^{*\ (i)} = \boldsymbol{f}^* \left(\boldsymbol{x}_{k-1|k-1}^{*\ (i)} \right) + \boldsymbol{v}_k^{*\ (i)} \tag{5.51}
$$

となる. これは, ばらして書くと以下のような操作になる :

$$
\boldsymbol{x}_{k|k-1}^{*\ (i)} = \begin{pmatrix} \boldsymbol{x}_{k|k-1}^{(i)} \\ \boldsymbol{x}_{k-1|k-1}^{(i)} \\ \vdots \\ \boldsymbol{x}_{k-L|k-1}^{(i)} \end{pmatrix} = \begin{pmatrix} \boldsymbol{f}\left(\boldsymbol{x}_{k-1|k-1}^{(i)} \right) + \boldsymbol{v}_k^{(i)} \\ \boldsymbol{x}_{k-1|k-1}^{(i)} \\ \vdots \\ \boldsymbol{x}_{k-L|k-1}^{(i)} \end{pmatrix}. \tag{5.52}
$$

ここで, $\{\boldsymbol{x}_{k-l|k-1}^{(i)}\}_{i=1}^N$ $(0 \le l \le L)$ は, 時刻 t_{k-l} の状態 $\boldsymbol{x}_{k-l}$ に関する $\boldsymbol{y}_{1:k-1}$ で条件付けられた分布 $p(\boldsymbol{x}_{k-l}|\boldsymbol{y}_{1:k-1})$ を表現するアンサンブルを

意味する. 式 (5.52) を見ると, 1 行目は元々の $\boldsymbol{x}_k$ に関する一期先予測の式 (5.12) と同じであり, 2 行目以降は自明な恒等式となっている. したがって, 実質的には式 (5.12) の計算をすれば十分ということになる.

次にフィルタリングの式を適用する. このとき, 式 (5.42) を利用するのが便利である. $\boldsymbol{x}_k^*$ に関する予測アンサンブル $\{\boldsymbol{x}_{k|k-1}^{*\,(i)}\}_{i=1}^N$ から, 式 (5.34) の $\hat{\mathbf{X}}_{k|k-1}$ に相当する行列を構成すると,

$$\hat{\mathbf{X}}_{k|k-1}^* = \frac{1}{\sqrt{N-1}} \left(\boldsymbol{x}_{k|k-1}^{*\,(1)} - \hat{\boldsymbol{x}}_{k|k-1}^* \quad \cdots \quad \boldsymbol{x}_{k|k-1}^{*\,(N)} - \hat{\boldsymbol{x}}_{k|k-1}^* \right). \quad (5.53)$$

ただし, $\hat{\boldsymbol{x}}_{k|k-1}^*$ は $\{\boldsymbol{x}_{k|k-1}^{*(i)}\}_{i=1}^N$ の標本平均である. 次に式 (5.37) に従って, $\hat{\mathbf{X}}_{k|k-1}^*$ の左から $\mathbf{H}_k^*$ を掛けてみると, 式 (5.50) が成り立つことから

$$\hat{\mathbf{Y}}_{k|k-1}^* = \mathbf{H}_k^* \hat{\mathbf{X}}_{k|k-1}^* = \mathbf{H}_k \hat{\mathbf{X}}_{k|k-1} = \hat{\mathbf{Y}}_{k|k-1} \quad (5.54)$$

となり, $\hat{\mathbf{Y}}_{k|k-1}^*$ は t_{k-1} 以前の状態を含まない $\hat{\mathbf{Y}}_{k|k-1}$ に置き換えてよいことが分かる. したがって, 式 (5.41) の $\boldsymbol{\beta}_{k|k}^{(i)}$ も t_{k-1} 以前の状態を考慮せずに計算してよく, 式 (5.42) に対応するフィルタリングの式は

$$\boldsymbol{x}_{k|k}^{*\,(i)} = \boldsymbol{x}_{k|k-1}^{*\,(i)} + \hat{\mathbf{X}}_{k|k-1}^* \boldsymbol{\beta}_{k|k}^{(i)} \quad (5.55)$$

となる. この式をばらすと,

$$\boldsymbol{x}_{k|k}^{(i)} = \boldsymbol{x}_{k|k-1}^{(i)} + \hat{\mathbf{X}}_{k|k-1} \boldsymbol{\beta}_{k|k}^{(i)}$$

$$\boldsymbol{x}_{k-1|k}^{(i)} = \boldsymbol{x}_{k-1|k-1}^{(i)} + \hat{\mathbf{X}}_{k-1|k-1} \boldsymbol{\beta}_{k|k}^{(i)}$$

$$\vdots$$

$$\boldsymbol{x}_{k-L|k}^{(i)} = \boldsymbol{x}_{k-L|k-1}^{(i)} + \hat{\mathbf{X}}_{k-L|k-1} \boldsymbol{\beta}_{k|k}^{(i)}$$

となる. したがって, $\boldsymbol{x}_k$ に関するアンサンブルだけでなく $\boldsymbol{x}_{k-1}, \ldots,$ $\boldsymbol{x}_{k-L}$ に関するアンサンブルも共通の $\{\boldsymbol{\beta}_{k|k}^{(i)}\}_{i=1}^N$ で更新すればよい. ただし,

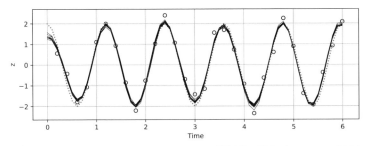

図 5.5 アンサンブルカルマンスムーザによる単振動の推定（$N = 50$ の場合）.

$$\hat{\mathbf{X}}_{k-l|k-1} = \frac{1}{\sqrt{N-1}} \left(\boldsymbol{x}^{(1)}_{k-l|k-1} - \hat{\boldsymbol{x}}_{k-l|k-1} \quad \cdots \quad \boldsymbol{x}^{(N)}_{k-l|k-1} - \hat{\boldsymbol{x}}_{k-l|k-1} \right),$$
$$(l = 0, \ldots, L)$$

である.

図 5.5 は，図 4.2 や図 5.2 と同じ単振動のデータに対してアンサンブルカルマンスムーザで推定を行った結果である．σ_Q, σ_R の値は図 5.2 と同じにしており，アンサンブルメンバー数も $N = 50$ としている．また，ラグ L は 10 ステップとしている．全体として，図 4.2 や図 5.2 では初期値がうまく推定できていなかったが，平滑化を行うことで初期値の推定もかなり改善している．全体としてみても，推定結果が真の時間変化である余弦関数の形状に近づいている．

なお，先に述べたカルマンフィルタや次章で述べるアンサンブル変換カルマンフィルタも，t_k よりも前の状態を含む新たな状態ベクトル $\boldsymbol{x}^*_k$ を定義し直すことで，固定ラグ平滑化の計算に拡張できる．ただし，カルマンフィルタが適用できる線型のモデルに対しては，推定したい期間の各時刻のフィルタ分布 $p(\boldsymbol{x}_1|\boldsymbol{y}_1), \ldots, p(\boldsymbol{x}_K|\boldsymbol{y}_{1:K})$ を求めたあと，逐次的アルゴリズムでその期間に得られた観測 $\boldsymbol{y}_{1:K}$ による推定 $p(\boldsymbol{x}_1|\boldsymbol{y}_{1:K}), \ldots, p(\boldsymbol{x}_K|\boldsymbol{y}_{1:K})$ を行う固定区間平滑化 [29, 26] で推定を行う場合が多い．

5.6　局所化

式 (5.43) で確認したように，アンサンブルカルマンフィルタで得られるフィルタアンサンブルの各メンバー $\boldsymbol{x}_{k|k}^{(i)}$ は，予測アンサンブル $\{\boldsymbol{x}_{k|k-1}^{(i)}\}_{i=1}^{N}$ の線型結合で表される．このことは，推定されるフィルタ分布が，予測アンサンブル $\{\boldsymbol{x}_{k|k-1}^{(i)}\}_{i=1}^{N}$ で張られる高々 N 次元の部分空間に制限されることを意味する．実際には，予測アンサンブルが一次独立であっても，アンサンブルカルマンフィルタで得られるフィルタ分布は $N-1$ 次元空間に制限される．というのは，式 (5.43) で両辺から予測アンサンブルの標本平均 $\hat{\boldsymbol{x}}_{k|k-1}$ を引くと，

$$\boldsymbol{x}_{k|k}^{(i)} - \hat{\boldsymbol{x}}_{k|k-1} = \boldsymbol{x}_{k|k-1}^{(i)} - \hat{\boldsymbol{x}}_{k|k-1} + \frac{1}{\sqrt{N-1}} \sum_{j=1}^{N} \beta_{k|k,j}^{(i)} \left(\boldsymbol{x}_{k|k-1}^{(j)} - \hat{\boldsymbol{x}}_{k|k-1} \right)$$

$$(5.56)$$

となり，$\boldsymbol{x}_{k|k}^{(i)} - \hat{\boldsymbol{x}}_{k|k-1}$ が $\boldsymbol{x}_{k|k-1}^{(1)} - \hat{\boldsymbol{x}}_{k|k-1}, \ldots, \boldsymbol{x}_{k|k-1}^{(N)} - \hat{\boldsymbol{x}}_{k|k-1}$ の線型結合で表されるが，この N 個のベクトルは，和を取ると

$$\sum_{i=1}^{N} \left(\boldsymbol{x}_{k|k-1}^{(i)} - \hat{\boldsymbol{x}}_{k|k-1} \right) = \sum_{i=1}^{N} \boldsymbol{x}_{k|k-1}^{(i)} - N\hat{\boldsymbol{x}}_{k|k-1} = \boldsymbol{0} \qquad (5.57)$$

となり，一次独立ではないからである．このため，フィルタアンサンブルの標本平均で得られるフィルタ推定値

$$\hat{\boldsymbol{x}}_{k|k} = \frac{1}{N} \sum_{i=1}^{N} \boldsymbol{x}_{k|k}^{(i)} \qquad (5.58)$$

も予測アンサンブルが張る $N-1$ 次元部分空間に制限される[2]．

データ同化では，シミュレーションモデルが物理的な制約として使われているため，$\boldsymbol{x}_k$ の各要素がすべて独立に変化するわけではない．そのため，$\boldsymbol{x}_k$ の自由度（実際に $\boldsymbol{x}_k$ が分布する部分空間の次元）は $\boldsymbol{x}_k$ の次元

---

[2] 予測アンサンブルで表現される予測分布が，$N-1$ 次元部分空間に制限されていると考えることもできる．

5.6 局所化

図 5.6 アンサンブルが低次元の部分空間に分布する場合，その線型結合も部分空間に制限され，観測に合わせきれない．

m よりはるかに小さいと考えられる．そのため，N を $\bm{x}_k$ の自由度程度まで大きくできれば，フィルタ推定値が $N-1$ 次元部分空間に制限されても問題はないはずである．しかし，N を大きくするとその分だけ計算コストが掛かるため，大規模な問題では N を数十程度までしか増やせないことも多い．このような少ない数のアンサンブルメンバーでは，$\bm{x}_k$ の不確かさを十分に表現することができず，適切な推定ができない場合が出てくる．

具体的には，N が小さいと，推定値 $\hat{\bm{x}}_{k|k}$ を観測データに合わせきれないという問題がまず起こり得る．極端な例として，観測ノイズが 0 の場合を考えてみると，推定値 $\hat{\bm{x}}_{k|k}$ は観測の得られる点で観測データと一致していることが望まれる．しかし，アンサンブルメンバーが観測ベクトル $\bm{y}_k$ の次元 n よりも低い次元の部分空間に分布していると，$\bm{y}_k$ をアンサンブルの線型結合で表すことができないため，推定値を観測と完全に一致させることができない（図 5.6）．観測ノイズが 0 でない場合であっても，$n > N$ であれば同じようなことが起こり，推定値 $\hat{\bm{x}}_{k|k}$ を観測 $\bm{y}_k$ のすべてに適切に合わせることができない．つまり，観測がたくさん得られていても，N が $\bm{y}_k$ の次元より小さい場合，観測の情報を十分に活用しきれないのである．

また，観測が得られない場所の推定が不安定になるという問題もある．アンサンブルメンバーの線型和を観測と合わせるために，観測データのな

い場所にも余計な皺寄せがいくのである．この問題は，予測分布の分散共分散行列を表現するアンサンブルメンバーの標本分散共分散行列に，メンバー数が少ないことに起因する偽の相関が含まれていることによると解釈することもできる．観測が得られない場所は，予測分布の分散共分散行列が表現する変数間の相関関係に基づいて推定がなされる．その分散共分散行列に偽の相関が入っていると，それに基づいて誤った推定がなされてしまうのである．

　地球科学分野のデータ同化では，このような問題への対処策として，シミュレーションの各グリッド点の近傍で得られる観測データのみを考慮するような処理が行われる．つまり，離れた場所で得られた観測は，そのグリッド点の状態とはほとんど関係がないという仮定をおくことで，標本分散共分散行列に表れる偽の相関の影響を抑えようということである．このような処理を**局所化** (localization) と呼ぶ．局所化には，大きく分けて2種類の手法がある．1つは，アンサンブルの標本分散共分散行列で表現される予測分布の分散共分散行列から，離れた場所同士の（偽の）相関を取り除いた上でフィルタ分布を計算する方法で，**B局所化** (B localization)[20] あるいは共分散局所化 (covariance localization)[3] と呼ばれる．もう1つは，シミュレーションのグリッド点ごとに近傍の観測データだけを参照してフィルタ推定値を求める方法で，**R局所化** (R localization)，領域局所化 (domain localization)，あるいは局所解析 (local analysis) などと呼ばれる．

5.6.1　B局所化

　B局所化では，アンサンブルカルマンフィルタで得られる予測アンサンブルの標本分散共分散行列 $\hat{\mathbf{P}}_{k|k-1}$ を以下のように調整する [11, 10]：

$$\hat{\mathbf{P}}^{\ell}_{k|k-1} = \mathbf{L} \circ \hat{\mathbf{P}}_{k|k-1}. \tag{5.59}$$

ただし，$\mathbf{L}$ は空間的な距離に応じて重み付けをする局所化行列で，$\hat{\mathbf{P}}_{k|k-1}$ と同じサイズの半正定値対称行列である．$\circ$ は行列の要素ごとの積（**シューア積** (Schur product)，あるいは**アダマール積** (Hadamard product) と呼ぶ）を表し，

$$
\mathbf{L} \circ \mathbf{A} = \left(
\begin{array}{cccc}
L_{11}A_{11} & L_{12}A_{12} & \cdots & L_{1m}A_{1m} \\
L_{21}A_{21} & L_{22}A_{22} & \cdots & L_{2m}A_{2m} \\
\vdots & \vdots & \ddots & \vdots \\
L_{m1}A_{m1} & L_{m2}A_{m2} & \cdots & L_{mm}A_{mm}
\end{array}
\right) \tag{5.60}
$$

である．データ同化の分野では，予測分布の分散共分散行列 $\mathbf{P}_{k|k-1}$ を $\mathbf{B}$ と表記することが多かったため，式 (5.59) の操作を $\mathbf{B}$ 局所化と呼んでいる．局所化行列 $\mathbf{L}$ を半正定値対称行列で与えておくと，次に述べる定理により，$\hat{\mathbf{P}}^{\ell}_{k|k-1}$ も半正定値対称行列となり，分散共分散行列の推定量としての要件を満たす．

> **定理 5.1**
>
> 行列 $\mathbf{A}$, $\mathbf{B}$ が m 次の半正定値対称行列のとき，そのシューア積（アダマール積）$\mathbf{A} \circ \mathbf{B}$ も半正定値対称行列である．

証明は付録 A.4 で与えている．

局所化行列 $\mathbf{L}$ の各要素は，空間上の 2 点 $\boldsymbol{r}_{j_1}$, $\boldsymbol{r}_{j_2}$ が与えられたときに，2 点間の距離に依存する関数で与えるとよい．よく用いられるのは，**ガスパリ・コーン関数** (Gaspari-Cohn function) と呼ばれるもので，以下で定義される：

$$
\varphi(d) = \begin{cases}
1 - \frac{5}{3}d^2 + \frac{5}{8}d^3 + \frac{1}{2}d^4 - \frac{1}{4}d^5 & (0 \le d < 1), \\
4 - 5d + \frac{5}{3}d^2 + \frac{5}{8}d^3 - \frac{1}{2}d^4 + \frac{1}{12}d^5 - \frac{2}{3d} & (1 \le d < 2), \\
0 & (d \ge 2).
\end{cases} \tag{5.61}
$$

ただし，$d = \|\boldsymbol{r}_{j_1} - \boldsymbol{r}_{j_2}\|/\lambda_B$ であり，d は $\boldsymbol{r}_{j_1}$ と $\boldsymbol{r}_{j_2}$ との距離を λ_B でスケーリングしたものになっている．λ_B のことを局所化半径という．ガスパリ・コーン関数は，ガウス関数を近似し，かつ $d \ge 2$ で 0 となるように設計されている．

これを用いる場合，局所化行列 $\mathbf{L}$ は，状態変数 $\boldsymbol{x}_k$ の j 番目の要素 $x_{k,j}$ に対応するシミュレーションのグリッド点の位置を $\boldsymbol{r}_j$ として，

$$
\mathbf{L} = \begin{pmatrix} \varphi\left(\frac{\|\boldsymbol{r}_1 - \boldsymbol{r}_1\|}{\lambda_B}\right) & \cdots & \varphi\left(\frac{\|\boldsymbol{r}_1 - \boldsymbol{r}_m\|}{\lambda_B}\right) \\ \vdots & \ddots & \vdots \\ \varphi\left(\frac{\|\boldsymbol{r}_m - \boldsymbol{r}_1\|}{\lambda_B}\right) & \cdots & \varphi\left(\frac{\|\boldsymbol{r}_m - \boldsymbol{r}_m\|}{\lambda_B}\right) \end{pmatrix} \tag{5.62}
$$

とすればよい．このとき，$\mathbf{L}$ は半正定値性も満たすことが知られている．また，$\mathbf{L}$ をこのように与えれば，式 (5.59) の分散共分散行列 $\hat{\mathbf{P}}^\ell_{k|k-1}$ において，距離が $2\lambda_B$ 以上離れた 2 点間の相関は 0 となる．$\hat{\mathbf{P}}^\ell_{k|k-1}$ を予測分布の分散共分散行列として用いれば，各グリッド点の推定に離れた場所の観測データが影響することはなくなる．

式 (5.59) の形のままでは，$m \times m$ の大きなサイズの行列 $\mathbf{L}$, $\hat{\mathbf{P}}_{k|k-1}$ が出てくるため，m が大きい場合に計算機で扱うのが難しくなる．しかし，観測 $\boldsymbol{y}_k$ の各要素が，状態変数 $\boldsymbol{x}_k$ の要素のどれかを直接観測したものになっていれば，$\boldsymbol{y}_k$ の各要素は対応する $\boldsymbol{x}_k$ の要素のグリッド点と対応付けられる．このとき，$\boldsymbol{y}_k$ の j 番目の要素 $y_{k,j}$ に対応するグリッド点の位置を $\boldsymbol{r}'_j$ として，

$$
\mathbf{L}_{yy} = \begin{pmatrix} \varphi\left(\frac{\|\boldsymbol{r}'_1 - \boldsymbol{r}'_1\|}{\lambda_B}\right) & \cdots & \varphi\left(\frac{\|\boldsymbol{r}'_1 - \boldsymbol{r}'_n\|}{\lambda_B}\right) \\ \vdots & \ddots & \vdots \\ \varphi\left(\frac{\|\boldsymbol{r}'_n - \boldsymbol{r}'_1\|}{\lambda_B}\right) & \cdots & \varphi\left(\frac{\|\boldsymbol{r}'_n - \boldsymbol{r}'_n\|}{\lambda_B}\right) \end{pmatrix}, \tag{5.63}
$$

$$
\mathbf{L}_{xy} = \begin{pmatrix} \varphi\left(\frac{\|\boldsymbol{r}_1 - \boldsymbol{r}'_1\|}{\lambda_B}\right) & \cdots & \varphi\left(\frac{\|\boldsymbol{r}_1 - \boldsymbol{r}'_n\|}{\lambda_B}\right) \\ \vdots & \ddots & \vdots \\ \varphi\left(\frac{\|\boldsymbol{r}_m - \boldsymbol{r}'_1\|}{\lambda_B}\right) & \cdots & \varphi\left(\frac{\|\boldsymbol{r}_m - \boldsymbol{r}'_n\|}{\lambda_B}\right) \end{pmatrix} \tag{5.64}
$$

とおくと，

$$
\mathbf{H}_k(\mathbf{L} \circ \hat{\mathbf{P}}_{k|k-1})\mathbf{H}_k^{\mathsf{T}} = \mathbf{L}_{yy} \circ (\mathbf{H}_k\hat{\mathbf{P}}_{k|k-1}\mathbf{H}_k^{\mathsf{T}}) = \mathbf{L}_{yy} \circ (\hat{\mathbf{Y}}_{k|k-1}\hat{\mathbf{Y}}_{k|k-1}^{\mathsf{T}}), \tag{5.65}
$$

$$
(\mathbf{L} \circ \hat{\mathbf{P}}_{k|k-1})\mathbf{H}_k^{\mathsf{T}} = \mathbf{L}_{xy} \circ (\hat{\mathbf{P}}_{k|k-1}\mathbf{H}_k^{\mathsf{T}}) = \mathbf{L}_{xy} \circ (\hat{\mathbf{X}}_{k|k-1}\hat{\mathbf{Y}}_{k|k-1}^{\mathsf{T}}) \tag{5.66}
$$

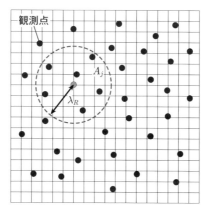

図 5.7 R 局所化の概念図.

が成り立つ.ただし,$\hat{\mathbf{X}}_{k|k-1}$, $\hat{\mathbf{Y}}_{k|k-1}$ はそれぞれ式 (5.34), (5.37) で定義した行列である.これを式 (5.38) に適用すると,局所化を適用したカルマンゲイン

$$\hat{\mathbf{K}}_k = \mathbf{L}_{xy} \circ (\hat{\mathbf{X}}_{k|k-1} \hat{\mathbf{Y}}_{k|k-1}^\mathsf{T}) \left(\mathbf{L}_{yy} \circ (\hat{\mathbf{Y}}_{k|k-1} \hat{\mathbf{Y}}_{k|k-1}^\mathsf{T}) + \mathbf{R}_k \right)^{-1} \quad (5.67)$$

が得られる.あとは通常のアンサンブルカルマンフィルタのアルゴリズムに従って,各アンサンブルメンバーを修正すればよい.式 (5.67) でカルマンゲインを得た場合,式 (5.42) の形には変形できなくなるので,フィルタアンサンブルの各メンバー $\boldsymbol{x}_{k|k}^{(i)}$ は必ずしも予測アンサンブルの線型結合とはいえなくなる.つまり,推定値が予測アンサンブルの張る部分空間に制限されることはない.

5.6.2 R 局所化

R 局所化は,シミュレーションのグリッド点ごとに,近くのデータだけを参照して推定を行うという方法である [18].例えば,$\boldsymbol{x}_k$ の j 番目の要素 $x_{k,j}$ を推定するには,$x_{k,j}$ が割り当てられているグリッド点 $\boldsymbol{r}_j$ から距離 λ_R 以内の領域 A_j で得られたデータのみを参照する(図 5.7).このとき,領域 A_j の範囲を決める λ_R のことを**局所化半径**と呼ぶ.領域 A_j で得られた観測データが n_j 個だったとすると,n 次元観測ベクトル $\boldsymbol{y}_k$

から領域 A_j で得られた観測を取り出す $n_j \times n$ 行列を $\mathbf{C}_j$ とおけば,$x_{k,j}$ の推定に使われる観測は n_j 次元ベクトル $\mathbf{C}_j \boldsymbol{y}_k$ で表される.

アンサンブルカルマンフィルタに $\mathbf{R}$ 局所化を適用するには,式 (5.42) の形が便利である.予測アンサンブルのメンバー $\boldsymbol{x}_{k|k-1}^{(i)}$ の j 番目の要素を $x_{k|k-1,j}^{(i)}$,j 番目の要素の標本平均を $\hat{x}_{k|k-1,j}$ とし,

$$\hat{\boldsymbol{e}}_{k|k-1,j}^{\mathsf{T}} = \frac{1}{\sqrt{N-1}} \left(x_{k|k-1,j}^{(1)} - \hat{x}_{k|k-1,j} \quad \cdots \quad x_{k|k-1,j}^{(N)} - \hat{x}_{k|k-1,j} \right)$$

とおくと,フィルタアンサンブルのメンバー $\boldsymbol{x}_{k|k}^{(i)}$ の j 番目の要素 $x_{k|k,j}^{(i)}$ は,

$$x_{k|k,j}^{(i)} = x_{k|k-1,j}^{(i)} + \hat{\boldsymbol{e}}_{k|k-1,j}^{\mathsf{T}} \boldsymbol{\beta}_{k|k,j}^{(i)} \tag{5.68}$$

から得られる.ただし,$\boldsymbol{\beta}_{k|k,j}^{(i)}$ は,

$$\begin{aligned}
\boldsymbol{\beta}_{k|k,j}^{(i)} &= (\mathbf{I}_N + \hat{\mathbf{Y}}_{k|k-1}^{\mathsf{T}} \mathbf{C}_j^{\mathsf{T}} \mathbf{C}_j \mathbf{R}_k^{-1} \mathbf{C}_j^{\mathsf{T}} \mathbf{C}_j \hat{\mathbf{Y}}_{k|k-1})^{-1} \\
&\quad \times \hat{\mathbf{Y}}_{k|k-1}^{\mathsf{T}} \mathbf{C}_j^{\mathsf{T}} \mathbf{C}_j \mathbf{R}_k^{-1} \mathbf{C}_j^{\mathsf{T}} \mathbf{C}_j (\boldsymbol{y}_k + \boldsymbol{w}_k^{(i)} - \mathbf{H}_k \boldsymbol{x}_{k|k-1}^{(i)})
\end{aligned} \tag{5.69}$$

である.一見,式 (5.69) は煩雑に見えるが,

$$\hat{\mathbf{Y}}_{k|k-1,j} = \mathbf{C}_j \hat{\mathbf{Y}}_{k|k-1}, \tag{5.70}$$

$$\mathbf{R}_{k,j}^{-1} = \mathbf{C}_j \mathbf{R}_k^{-1} \mathbf{C}_j^{\mathsf{T}}, \tag{5.71}$$

$$\boldsymbol{y}_{k,j} = \mathbf{C}_j \boldsymbol{y}_k, \quad \boldsymbol{w}_{k,j}^{(i)} = \mathbf{C}_j \boldsymbol{w}_k^{(i)}, \quad \mathbf{H}_{k,j} = \mathbf{C}_j \mathbf{H}_k \tag{5.72}$$

のように,行列 $\mathbf{C}_j$ を掛ける操作を添え字 j で表すと,

$$\begin{aligned}
\boldsymbol{\beta}_{k|k,j}^{(i)} &= (\mathbf{I}_N + \hat{\mathbf{Y}}_{k|k-1,j}^{\mathsf{T}} \mathbf{R}_{k,j}^{-1} \hat{\mathbf{Y}}_{k|k-1,j})^{-1} \\
&\quad \times \hat{\mathbf{Y}}_{k|k-1,j}^{\mathsf{T}} \mathbf{R}_{k,j}^{-1} (\boldsymbol{y}_{k,j} + \boldsymbol{w}_{k,j}^{(i)} - \mathbf{H}_{k,j} \boldsymbol{x}_{k|k-1}^{(i)})
\end{aligned} \tag{5.73}$$

という形になり,式 (5.41) を領域 A_j で得られた観測のみを使って書き直したものになっていることが分かる.また,式 (5.69) は,式 (5.41) の $\mathbf{R}_k^{-1}$ を $\mathbf{C}_j^{\mathsf{T}} \mathbf{C}_j \mathbf{R}_k^{-1} \mathbf{C}_j^{\mathsf{T}} \mathbf{C}_j$ に置き換えたものになっており,$\mathbf{R}_k$ を調整したことによる局所化という解釈もできる.このことは,$\mathbf{R}$ 局所化と呼ばれる理由になっている.$\mathbf{R}$ 局所化を適用すれば,各グリッド点での推定

には，その点から局所化半径 λ_R より離れた場所の観測が影響しなくなる．そのため，予測アンサンブルの持つ偽の相関の影響を抑えることができる．なお，式 (5.69) の計算は，異なるグリッド点の計算を並列に処理することができるため，並列計算にも適した方法である．

B 局所化を用いる場合も **R** 局所化を用いる場合も，局所化半径 λ_B あるいは λ_R は適切に設定する必要がある．局所化半径を大きくしすぎると，局所化を適用しないのと同じような状況になってしまう．特に，局所化で参照する観測データの数がアンサンブルメンバー数 N よりも多い場合，各グリッド点の推定に参照する観測データの情報がうまく反映されない可能性がある．一方，局所化半径を小さくしすぎると，観測点の近傍にしかデータの情報が反映されず，システム全体をうまく推定することができなくなる．

5.7 局所化の適用例

局所化の適用例として，以下の方程式に従う空間 1 次元のシステムを考える：

$$\frac{\partial \rho}{\partial t} = -\rho_0 \frac{\partial u}{\partial z}, \tag{5.74}$$

$$\frac{\partial u}{\partial t} = -\frac{c^2}{\rho_0} \frac{\partial \rho}{\partial z}. \tag{5.75}$$

これは，音波などの疎密波を表す方程式になっているが，ここで式 (5.74), (5.75) の意味を気にする必要はなく，ρ, u の 2 変数があって，いずれも位置 x と時間 t の関数になっていることを了解していただければよい．式 (5.75) の c は波の伝播速度を表し，ここでは $c = 1.5$ と固定する．シミュレーション領域は $0 \leq z < 160$ とし，$z = z_0$ と $z = z_0 + 160$ は同じ場所を表すものとする[3]．これは，円周上に z 座標を取って，z を 160 進めると一周するような設定と考えてもよい．z 座標を $\Delta z = 1$ の幅で離

---

[3]このような設定を数値シミュレーションの用語で周期境界条件と呼ぶ.

散化し，各点 z_i における ρ_i, u_i の時間発展を

$$\rho_{i,k+1} = \rho_{i,k} - \rho_0 \frac{u_{i+1,k} - u_{i-1,k}}{2\Delta z}\Delta t + \frac{c^2}{2}\frac{\rho_{i+1,k} - 2\rho_{i,k} + \rho_{i-1,k}}{(\Delta z)^2}(\Delta t)^2,$$

$$(5.76)$$

$$u_{i,k+1} = u_{i,k} - \frac{c^2(\rho_{i+1,k} - \rho_{i-1,k})}{2\rho_0\Delta z}\Delta t + \frac{c^2}{2}\frac{u_{i+1,k} - 2u_{i,k} + u_{i-1,k}}{(\Delta z)^2}(\Delta t)^2$$

$$(5.77)$$

という漸化式で計算する[4]．ただし，k は時間ステップ，Δt は時間刻み幅を表している．ここでは $\Delta t = 0.1$ と設定する．2 変数 ρ, u について，シミュレーション領域 $0 \leq z < 160$ 上で $\Delta z = 1$ の幅で離散化しているので，状態変数の数（状態ベクトルの次元）は $160 \times 2 = 320$ である．

システムモデル (5.8) の $\boldsymbol{f}$ として，式 (5.76), (5.77) のモデルを用い，アンサンブルカルマンフィルタでデータ同化を行う．観測データには，同じ式 (5.76), (5.77) のモデルによるシミュレーション結果から生成した模擬的なデータを用いる．まず，各点の ρ, u の初期値を

$$\rho_{i,0} = 1 + 0.05\sin\left(\frac{8\pi i}{160}\right), \qquad u_{i,0} = 0 \qquad (5.78)$$

のように与え，モデルで時間発展を計算する．すると，図 5.8 のように ρ の変動が $+z$ 方向，$-z$ 方向の両方に伝播していく．得られた結果から，100 ステップごと，つまり時間が $100\Delta t = 10$ 進むごとに ρ についての観測データを得る．このとき観測できるのは，160 のグリッド点から 4 つおきに取った 40 点の $\rho_{i,k}$ ($\rho_{0,k}, \rho_{4,k}, \rho_{8,k}, \ldots, \rho_{156,k}$) とし，これが観測ノイズ付きで観測されるものとする．観測ノイズは，各要素に対して独立に正規分布 $\mathcal{N}(0, 0.01^2)$ に従う乱数で与える．つまり，観測ベクトル $\boldsymbol{y}_k$ の j 番目の要素 $y_{j,k}$ は，$w_{j,k}$ を $\mathcal{N}(0, 0.01^2)$ に従う乱数として，

$$y_{j,k} = \rho_{4(j-1),k} + w_{j,k} \qquad (5.79)$$

---

[4]これは，式 (5.74), (5.75) をラックス・ウェンドロフ法 (Lax-Wendroff scheme) で解く式になっている．この手法については，文献 [33] の波動方程式の解法の節，もしくは文献 [31] の Lax-Wendroff scheme に関する記述が参考になる．

5.7 局所化の適用例

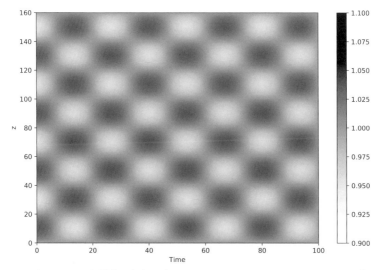

図 5.8 式 (5.78) の初期値を与えて式 (5.76), (5.77) のモデルで時間発展を計算した結果.

のように得る.

初期値を知らなくても，式 (5.79) から得た 40 点の ρ に関するデータから，160 点分の $\rho_{i,k}$ や $u_{i,k}$ を復元できるかを検証することで，推定手法の有効性を確認することができる．このように，データを同化しようとしているシミュレーションモデルと同一モデルから模擬的に観測データを生成し，そのデータを用いてデータ同化のテストを行うことを**双子実験** (twin experiment) という．

説明のために，時間ステップごとに各点の $\rho_{i,k}, u_{i,k}$ の値をそれぞれまとめたベクトルを

$$\boldsymbol{\rho}_k = \begin{pmatrix} \rho_{1,k} \\ \vdots \\ \rho_{160,k} \end{pmatrix}, \qquad \boldsymbol{u}_k = \begin{pmatrix} u_{1,k} \\ \vdots \\ u_{160,k} \end{pmatrix} \tag{5.80}$$

と表すことにする．状態変数 $\boldsymbol{x}_k$ は $\boldsymbol{\rho}_k, \boldsymbol{u}_k$ をまとめた

$$\boldsymbol{x}_k = \left(\begin{array}{c} \boldsymbol{\rho}_k \\ \boldsymbol{u}_k \end{array} \right) \tag{5.81}$$

である．データ同化を行う際には，初期値を未知とし，初期値 $\boldsymbol{\rho}_0$, $\boldsymbol{u}_0$ の分布は，独立にそれぞれ正規分布 $\mathcal{N}(\mathbf{1}, \zeta_B^2 \mathbf{L}_0)$ および $\mathcal{N}(\mathbf{0}, \zeta_B^2 \mathbf{L}_0)$ に従うものとする．行列 $\mathbf{L}_0$ は φ を式 (5.61) のガスパリ・コーン関数として，

$$\mathbf{L}_0 = \left(\begin{array}{ccc} \varphi\left(\frac{d(z_1, z_1)}{\lambda_0}\right) & \cdots & \varphi\left(\frac{d(z_1, z_{160})}{\lambda_0}\right) \\ \vdots & \ddots & \vdots \\ \varphi\left(\frac{d(z_{160}, z_1)}{\lambda_0}\right) & \cdots & \varphi\left(\frac{d(z_{160}, z_{160})}{\lambda_0}\right) \end{array} \right) \tag{5.82}$$

のように与える．z_i と z_j の距離 $d(z_i, z_j)$ は，$z = z_0$ と $z = z_0 + 160$ が同じ場所を表すことを考慮して，

$$d(z_i, z_j) = \min\Big(|z_i - z_j|, 160 - |z_i - z_j|\Big) \tag{5.83}$$

によって求める．また，$\zeta_B = 0.05$ とする．システムノイズも $\boldsymbol{\rho}_k$, $\boldsymbol{u}_k$ のそれぞれについて独立に同一の正規分布 $\mathcal{N}(\mathbf{0}, \zeta_Q^2 \mathbf{L}_0)$ に従うものとする．ただし，$\mathbf{L}_0$ は式 (5.82) で与えたのと同じものを使い，また $\zeta_Q = 0.001$ とする．

　図 5.9 は，以上のような設定の下，アンサンブルメンバー数 N を 10 として，局所化を適用せずに通常のアンサンブルカルマンフィルタで $\boldsymbol{\rho}$ を推定した結果である．図 5.8 のようなパターンが再現できれば推定は成功したことになるが，図 5.8 のピークの位置や構造など，よく再現できていない箇所が見られる．一方，図 5.10 は，アンサンブルメンバー数を同じく $N = 10$ として，B 局所化を適用したアンサンブルカルマンフィルタによる推定を行った結果である．局所化を行うと，限られたメンバー数でも時間が 10 進むごとに行われるフィルタリングによって，次第に波のパターンが図 5.8 に近づいていき，$t = 40$ 以降はピークの位置などが概ね再現できている．

　図 5.11 は分散共分散行列の推定への局所化の影響を可視化したものである．図 5.11(a) は，図 5.9 のアンサンブルカルマンフィルタの計算過程

5.7 局所化の適用例

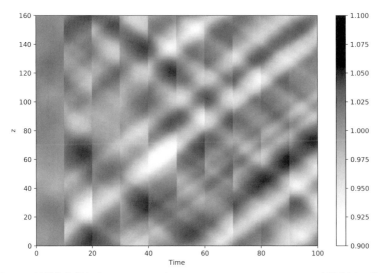

図 5.9 局所化を使わないアンサンブルカルマンフィルタによる ρ の時間発展の推定結果.

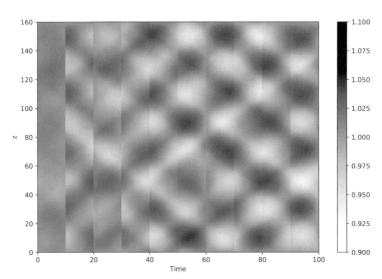

図 5.10 B 局所化を適用したアンサンブルカルマンフィルタによる ρ の時間発展の推定結果.

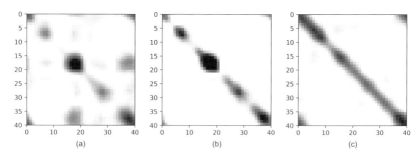

図 5.11 (a) $N = 10$ のアンサンブルカルマンフィルタから得られた $\mathbf{H}_k\hat{\mathbf{P}}_{k|k-1}\mathbf{H}_k^\mathsf{T}$. (b) 局所化を適用したアンサンブルカルマンフィルタで得られた $\mathbf{L}_{yy} \circ (\mathbf{H}_k\hat{\mathbf{P}}_{k|k-1}\mathbf{H}_k^\mathsf{T})$. (c) $N = 80$ のアンサンブルカルマンフィルタから得られた $\mathbf{H}_k\hat{\mathbf{P}}_{k|k-1}\mathbf{H}_k^\mathsf{T}$. それぞれ, $t = 80$ における各要素の絶対値を色の濃さで示している.

で出てくる行列 $\mathbf{H}_k\hat{\mathbf{P}}_{k|k-1}\mathbf{H}_k^\mathsf{T}$ について,時刻 $t = 80$ のときの各要素の絶対値を示している.ここで,行列 $\mathbf{H}_k\hat{\mathbf{P}}_{k|k-1}\mathbf{H}_k^\mathsf{T}$ というのは,ベクトル $\mathbf{H}_k\boldsymbol{x}_k$ の予測分布の分散共分散行列になる.行列 $\mathbf{H}_k$ は状態変数 $\boldsymbol{x}_k$ から観測可能な変数を抽出する行列であり,この実験では $\rho_{0,k}, \rho_{4,k}, \rho_{8,k}, \ldots,$ $\rho_{156,k}$ が観測できるとしたので,要するに行列 $\mathbf{H}_k\hat{\mathbf{P}}_{k|k-1}\mathbf{H}_k^\mathsf{T}$ とはその 40 個の $\rho_{i,k}$ の分散共分散行列を表している.図 5.11(b) は局所化を適用した図 5.10 の計算過程で出てくる行列 $\mathbf{L}_{yy} \circ (\mathbf{H}_k\hat{\mathbf{P}}_{k|k-1}\mathbf{H}_k^\mathsf{T})$,図 5.11(c) は局所化を用いずにアンサンブル数を $N = 80$ と設定してアンサンブルカルマンフィルタを実行して得られた $\mathbf{H}_k\hat{\mathbf{P}}_{k|k-1}\mathbf{H}_k^\mathsf{T}$ で,それぞれ図 5.11(a) と同じく,時刻 $t = 80$ のときの各要素の絶対値を示している.いずれの図も,色が濃いところほど値が大きく,白いところはほぼ 0 であることを表している.

図 5.11(c) に示すように,メンバー数が十分に確保できていれば,対角要素に近い要素は値が大きくなり,対角要素から離れた要素は 0 に近い値となる傾向がある.これは,物理的に離れた要素同士の相関が低いことを意味している.しかし,アンサンブルメンバー数が少ないと,図 5.11(a) が示すように離れた場所同士でも共分散が対角要素と同程度に大きくなっている場合がある.このような状況では,本来相関が低いはずの

離れた場所で得られた観測データが推定に悪影響を及ぼす可能性がある．局所化を施すと，図 5.11(b) のように離れた場所同士の共分散が強制的に 0 とされ，離れた場所の観測データが及ぼす悪影響を避けることができると考えられる．

第 6 章

アンサンブル変換
カルマンフィルタ

6.1 有限の粒子による正規分布の表現

モンテカルロ近似は大数の法則に基づいており，アンサンブルメンバー数 N が十分に大きければ確率分布を精度よく近似できる．一方，アンサンブルカルマンフィルタでは，各アンサンブルメンバーに式 (5.12) を適用する際にシミュレーション計算を実行する必要があり，シミュレーションを N 回繰り返すことになる．したがって，N を大きく取れば，その分だけ計算コストが増大する．大規模なシミュレーションモデルを扱う場合，1 回のシミュレーション計算に要する計算コストが高いため，好きなだけシミュレーション計算を実行するわけにはいかない．現実には，計算機資源の制約で，アンサンブルメンバー数 N を 10〜100 程度しか取れない場合も少なくない．前章で述べたように，モンテカルロ近似ではアンサンブルメンバー数 N に対して $1/\sqrt{N}$ に比例する誤差が生じる．そのため，少ない数のアンサンブルメンバーでは精度よく推定できる保証がないように見える．そこで，大数の法則によらずに有限の数のアンサンブルメンバーで確率分布を表現することを考える．

表現したい確率分布 $p(\boldsymbol{x})$ を正規分布 $\mathcal{N}(\bar{\boldsymbol{x}}, \mathbf{P})$ と仮定する．この場合，平均 $\bar{\boldsymbol{x}}$ と分散共分散行列 $\mathbf{P}$ を与えれば $p(\boldsymbol{x})$ の形状が決まる．第 4 章で議論したように，$\bar{\boldsymbol{x}}$ と $\mathbf{P}$ をそのまま計算しようとすると $\boldsymbol{x}$ が高次元のときにメモリ不足の問題が生じる．しかし，$\boldsymbol{x}$ が低次元の部分空間に分布

しており，分散共分散行列 $\mathbf{P}$ の階数が小さい場合 ($\text{rank}\,\mathbf{P} \ll m$) には，現実的なメモリ容量で正規分布を表現することができる．そのためには，$N = \text{rank}\,\mathbf{P} + 1$ として，次の式を満たすような N 個の m 次元縦ベクトル $\{\boldsymbol{x}^{(i)}\}_{i=1}^{N}$ を構成すればよい：

$$\bar{\boldsymbol{x}} = \frac{1}{N} \sum_{i=1}^{N} \boldsymbol{x}^{(i)}, \qquad \mathbf{P} = \frac{1}{N} \sum_{i=1}^{N} (\boldsymbol{x}^{(i)} - \bar{\boldsymbol{x}})(\boldsymbol{x}^{(i)} - \bar{\boldsymbol{x}})^{\mathsf{T}}. \qquad (6.1)$$

一般に，平均 $\bar{\boldsymbol{x}}$ と分散共分散行列 $\mathbf{P}$ が与えられていれば，$\text{rank}\,\mathbf{P} = N - 1$ のとき，N 個のメンバーからなるアンサンブル $\{\boldsymbol{x}^{(i)}\}_{i=1}^{N}$ を式 (6.1) が成り立つように構成することが可能である（付録 A.5 参照）．逆に，一旦 $\{\boldsymbol{x}^{(i)}\}_{i=1}^{N}$ が得られれば，式 (6.1) を使って平均 $\bar{\boldsymbol{x}}$ と分散共分散行列 $\mathbf{P}$ に戻すことができる．第5章のモンテカルロ近似のときとは違い，(6.1) が等号で結ばれることを仮定しているので，大数の法則に頼る必要はなく，正規分布を表現するにはこの N 個のメンバーからなるアンサンブルで十分である．アンサンブルを保持するのに必要な変数の数は $m \times N$ 個なので，分散共分散行列 $\mathbf{P}$ の階数 $N - 1$ が $\boldsymbol{x}$ の次元 m と比べて十分に小さい状況であれば，平均 $\bar{\boldsymbol{x}}$ と分散共分散行列 $\mathbf{P}$ を使うのと比較して大幅にメモリを節約できる．

　ここで，式 (5.34) の $\hat{\mathbf{X}}_{k|k-1}$ と同様に

$$\mathbf{X} = \frac{1}{\sqrt{N}} \begin{pmatrix} \boldsymbol{x}^{(1)} - \bar{\boldsymbol{x}} & \boldsymbol{x}^{(2)} - \bar{\boldsymbol{x}} & \cdots & \boldsymbol{x}^{(N)} - \bar{\boldsymbol{x}} \end{pmatrix} \qquad (6.2)$$

で定義される $m \times N$ 行列を導入しておく．このとき，分散共分散行列 $\mathbf{P}$ は $\mathbf{P} = \mathbf{X}\mathbf{X}^{\mathsf{T}}$ と書け，$\mathbf{X}$ は $\mathbf{P}$ の平方根となる．$\mathbf{X}$ を用いると，定理 2.1 から，$\boldsymbol{x}$ は N 次元標準正規分布 $\mathcal{N}(\mathbf{0}, \mathbf{I}_N)$ に従う確率変数 $\boldsymbol{z}$ を用いて

$$\boldsymbol{x} = \bar{\boldsymbol{x}} + \mathbf{X}\boldsymbol{z} \qquad (6.3)$$

のように表せる．式 (6.3) の右辺第2項は，$\boldsymbol{z}$ の各要素を $z_1, \ldots, z_N$ と書くと

$$\mathbf{X}\boldsymbol{z} = \frac{1}{\sqrt{N}} \sum_{i=1}^{N} z_i \left(\boldsymbol{x}^{(i)} - \bar{\boldsymbol{x}} \right) \tag{6.4}$$

のように書け，$\mathbf{X}$ を構成する N 個の縦ベクトルの線型結合になる．ただし，N 個のアンサンブルメンバー $\boldsymbol{x}^{(1)}, \ldots, \boldsymbol{x}^{(N)}$ を一次独立に取ったとしても，そこから $\bar{\boldsymbol{x}}$ を引いた $\boldsymbol{x}^{(1)} - \bar{\boldsymbol{x}}, \ldots, \boldsymbol{x}^{(N)} - \bar{\boldsymbol{x}}$ は一次独立にはならない．実際，全要素が 1 の N 次元ベクトル

$$\mathbf{1}_N = \begin{pmatrix} 1 \\ \vdots \\ 1 \end{pmatrix}$$

を $\mathbf{X}$ に後ろから掛けると

$$\mathbf{X}\mathbf{1}_N = \frac{1}{\sqrt{N}} \sum_{i=1}^{N} \left(\boldsymbol{x}^{(i)} - \bar{\boldsymbol{x}} \right) = \mathbf{0} \tag{6.5}$$

となる．したがって，$\mathbf{X}\boldsymbol{z}$ は高々 $N-1$ 個の独立なベクトルの線型結合であり，$\boldsymbol{x}$ は $N-1$ 次元の部分空間に分布する．これが，分散共分散行列 $\mathbf{P}$ の階数 $N-1$ と対応している．このように N 個のアンサンブルメンバーで $\boldsymbol{x}$ の確率分布を表現したとき，$\boldsymbol{x}$ の分布する $N-1$ 次元部分空間は**アンサンブル空間**と呼ばれる．

6.2　有限の粒子による予測

モンテカルロ近似で分布を表現した場合，大数の法則により，十分な数のアンサンブルメンバーについて式 (5.12) を適用すれば，アンサンブルの標本平均，標本分散共分散行列で予測分布の平均，分散共分散行列が近似できることを前章で確認した．一方，大数の法則によらなくても，システムノイズを無視した場合（$\boldsymbol{v}_k = \mathbf{0}$ の場合）には，アンサンブル $\{\boldsymbol{x}^{(i)}\}_{i=1}^{N}$ の各メンバーについて

$$\boldsymbol{x}_{k|k-1}^{(i)} = \boldsymbol{f}(\boldsymbol{x}_{k-1|k-1}^{(i)}) \tag{6.6}$$

のようにシミュレーションモデルを適用することで，予測分布の平均，分散共分散行列を近似するアンサンブルが得られる [22]．以下でそれを示すが，結果は今述べたとおりであり，計算がやや煩雑でもあるので，興味のない方は読み飛ばして 6.3 節に進んでいただいても差し支えない．

まず，時刻 t_{k-1} のフィルタ分布 $p(\boldsymbol{x}_{k-1}|\boldsymbol{y}_{1:k-1})$ を表現するフィルタアンサンブル $\{\boldsymbol{x}_{k-1|k-1}^{(i)}\}_{i=1}^{N}$ が

$$\bar{\boldsymbol{x}}_{k-1|k-1} = \frac{1}{N} \sum_{i=1}^{N} \boldsymbol{x}_{k-1|k-1}^{(i)}, \tag{6.7}$$

$$\mathbf{P}_{k-1|k-1} = \frac{1}{N} \sum_{i=1}^{N} (\boldsymbol{x}_{k-1|k-1}^{(i)} - \bar{\boldsymbol{x}}_{k-1|k-1})(\boldsymbol{x}_{k-1|k-1}^{(i)} - \bar{\boldsymbol{x}}_{k-1|k-1})^{\top} \tag{6.8}$$

を満たすように得られているとする．式 (6.2) と同様にして

$$\mathbf{X}_{k-1|k-1} = \frac{1}{\sqrt{N}} \left(\boldsymbol{x}_{k-1|k-1}^{(1)} - \bar{\boldsymbol{x}}_{k-1|k-1} \quad \cdots \quad \boldsymbol{x}_{k-1|k-1}^{(N)} - \bar{\boldsymbol{x}}_{k-1|k-1} \right) \tag{6.9}$$

のように $m \times N$ 行列 $\mathbf{X}_{k-1|k-1}$ を定義すると，時刻 t_{k-1} のフィルタ分布 $p(\boldsymbol{x}_{k-1}|\boldsymbol{y}_{1:k-1})$ に従う $\boldsymbol{x}_{k-1}$ は，$\boldsymbol{z}_{k-1}$ を $\mathcal{N}(\mathbf{0}, \mathbf{I}_N)$ に従う確率変数として

$$\boldsymbol{x}_{k-1} = \bar{\boldsymbol{x}}_{k-1|k-1} + \mathbf{X}_{k-1|k-1} \boldsymbol{z}_{k-1} \tag{6.10}$$

と書ける．

予測分布の平均ベクトルは，システムノイズを無視しても式 (5.14) と同じになり，以下のように書ける：

$$\bar{\boldsymbol{x}}_{k|k-1} = \int \boldsymbol{f}(\boldsymbol{x}_{k-1}) \, p(\boldsymbol{x}_{k-1}|\boldsymbol{y}_{1:k-1}) \, d\boldsymbol{x}_{k-1}. \tag{6.11}$$

この式を，式 (6.10) を用いて $\boldsymbol{z}_{k-1}$ に変数変換すると，

$$\bar{\boldsymbol{x}}_{k|k-1} = \int \boldsymbol{f}\left(\bar{\boldsymbol{x}}_{k-1|k-1} + \mathbf{X}_{k-1|k-1}\boldsymbol{z}_k\right) p\left(\boldsymbol{z}_{k-1}\right) d\boldsymbol{z}_{k-1}. \tag{6.12}$$

ここで，ベクトル値関数 $\boldsymbol{f}(\boldsymbol{x})$ の l 番目の要素 $f_l(\boldsymbol{x})$ について 2 次のテイラー展開を考える：

$$f_l(\bar{\boldsymbol{x}} + \Delta\boldsymbol{x})$$
$$\simeq f_l(\bar{\boldsymbol{x}}) + \sum_{i=1}^{m} \Delta x_i \frac{\partial f_l}{\partial x_i}(\bar{\boldsymbol{x}}) + \frac{1}{2}\sum_{i=1}^{m}\sum_{j=1}^{m} \Delta x_i \Delta x_j \frac{\partial^2 f_l}{\partial x_i \partial x_j}(\bar{\boldsymbol{x}})$$
$$= f_l(\bar{\boldsymbol{x}}) + \nabla f_l(\bar{\boldsymbol{x}})^{\mathsf{T}} \Delta\boldsymbol{x} + \frac{1}{2}\Delta\boldsymbol{x}^{\mathsf{T}} \nabla^2 f_l(\bar{\boldsymbol{x}})\Delta\boldsymbol{x}.$$

ただし，$\nabla f_l(\bar{\boldsymbol{x}})$，$\nabla^2 f_l(\bar{\boldsymbol{x}})$ はそれぞれ f_l の $\boldsymbol{x} = \bar{\boldsymbol{x}}$ における勾配，ヘッセ行列を表し，

$$\nabla f_l(\bar{\boldsymbol{x}}) = \left(\frac{\partial f_l}{\partial x_1}(\bar{\boldsymbol{x}}) \quad \cdots \quad \frac{\partial f_l}{\partial x_m}(\bar{\boldsymbol{x}})\right)^{\mathsf{T}}, \tag{6.13}$$

$$\nabla^2 f_l(\bar{\boldsymbol{x}}) = \begin{pmatrix} \frac{\partial^2 f_l}{\partial x_1 \partial x_1}(\bar{\boldsymbol{x}}) & \cdots & \frac{\partial^2 f_l}{\partial x_1 \partial x_m}(\bar{\boldsymbol{x}}) \\ \vdots & \ddots & \vdots \\ \frac{\partial^2 f_l}{\partial x_m \partial x_1}(\bar{\boldsymbol{x}}) & \cdots & \frac{\partial^2 f_l}{\partial x_m \partial x_m}(\bar{\boldsymbol{x}}) \end{pmatrix} \tag{6.14}$$

となる．したがって，

$$f_l\left(\bar{\boldsymbol{x}}_{k-1|k-1} + \mathbf{X}_{k-1|k-1}\boldsymbol{z}_{k-1}\right)$$
$$\simeq f_l(\bar{\boldsymbol{x}}_{k-1|k-1}) + \nabla f_l(\bar{\boldsymbol{x}}_{k-1|k-1})^{\mathsf{T}} \mathbf{X}_{k-1|k-1}\boldsymbol{z}_{k-1} \tag{6.15}$$
$$+ \frac{1}{2}\left(\mathbf{X}_{k-1|k-1}\boldsymbol{z}_{k-1}\right)^{\mathsf{T}} \nabla^2 f_l(\bar{\boldsymbol{x}}_{k-1|k-1})\left(\mathbf{X}_{k-1|k-1}\boldsymbol{z}_{k-1}\right).$$

これを式 (6.12) に代入すると，$\bar{\boldsymbol{x}}_{k|k-1}$ の l 番目の要素 $\bar{x}_{k|k-1,l}$ は，

$\bar{x}_{k|k-1,l}$

$$
\begin{aligned}
= &\int f_l(\bar{\boldsymbol{x}}_{k-1|k-1}) \, p\,(\boldsymbol{z}_{k-1}) \ d\boldsymbol{z}_{k-1} \\
&+ \int \nabla f_l(\bar{\boldsymbol{x}}_{k-1|k-1})^{\mathsf{T}} \mathbf{X}_{k-1|k-1} \boldsymbol{z}_{k-1} \ p\,(\boldsymbol{z}_{k-1}) \ d\boldsymbol{z}_{k-1} \\
&+ \frac{1}{2} \int \boldsymbol{z}_{k-1}^{\mathsf{T}} \mathbf{X}_{k-1|k-1}^{\mathsf{T}} \nabla^2 f_l(\bar{\boldsymbol{x}}_{k-1|k-1}) \mathbf{X}_{k-1|k-1} \boldsymbol{z}_{k-1} \, p\,(\boldsymbol{z}_{k-1}) \ d\boldsymbol{z}_{k-1}.
\end{aligned}
$$

$$(6.16)$$

式 (6.16) の右辺第 1 項は,

$$
\int f_l(\bar{\boldsymbol{x}}_{k-1|k-1}) \, p\,(\boldsymbol{z}_{k-1}) \ d\boldsymbol{z}_{k-1} = f_l(\bar{\boldsymbol{x}}_{k-1|k-1}),
$$

右辺第 2 項は, $p(\boldsymbol{z}_{k-1})$ の平均が 0 なので,

$$
\int \nabla f_l(\bar{\boldsymbol{x}}_{k-1|k-1})^{\mathsf{T}} \mathbf{X}_{k-1|k-1} \boldsymbol{z}_{k-1} \, p\,(\boldsymbol{z}_{k-1}) \ d\boldsymbol{z}_{k-1} = 0
$$

となる. 右辺第 3 項 (2 次の項) については, N 次元の確率変数 $\boldsymbol{z}$ が標準正規分布 $\mathcal{N}(\mathbf{0}, \mathbf{I}_N)$ に従うとき, 任意の N 次正方行列 $\mathbf{A}$ に対して

$$
\begin{aligned}
\int \boldsymbol{z}^{\mathsf{T}} \mathbf{A} \boldsymbol{z} \, p(\boldsymbol{z}) \, d\boldsymbol{z} &= \int \sum_{i,j} (A_{ij} z_i z_j) \ p(z_1) \cdots p(z_N) \, dz_1 \cdots dz_N \\
&= \sum_i A_{ii} = \operatorname{tr} \mathbf{A}
\end{aligned}
$$

が成り立つことから,

$$
\begin{aligned}
&\frac{1}{2} \int \boldsymbol{z}_{k-1}^{\mathsf{T}} \mathbf{X}_{k-1|k-1}^{\mathsf{T}} \nabla^2 f_l(\bar{\boldsymbol{x}}_{k-1|k-1}) \mathbf{X}_{k-1|k-1} \boldsymbol{z}_{k-1} \, p\,(\boldsymbol{z}_{k-1}) \ d\boldsymbol{z}_{k-1} \\
&= \frac{1}{2} \operatorname{tr} \left(\mathbf{X}_{k-1|k-1}^{\mathsf{T}} \nabla^2 f_l(\bar{\boldsymbol{x}}_{k-1|k-1}) \, \mathbf{X}_{k-1|k-1} \right)
\end{aligned}
$$

となる. 以上から, 予測分布の平均 $\bar{\boldsymbol{x}}_{k|k-1}$ の l 番目の要素は, テイラー展開の 2 次の項までで近似すると,

$$
\bar{x}_{k|k-1,l} \simeq f_l(\bar{\boldsymbol{x}}_{k-1|k-1}) + \frac{1}{2} \operatorname{tr} \left(\mathbf{X}_{k-1|k-1}^{\mathsf{T}} \nabla^2 f_l(\bar{\boldsymbol{x}}_{k-1|k-1}) \mathbf{X}_{k-1|k-1} \right)
$$

$$(6.17)$$

となる.

一方,$\boldsymbol{x}_{k|k-1}^{(i)} = \boldsymbol{f}(x_{k-1|k-1}^{(i)})$ のように $\boldsymbol{x}_{k|k-1}^{(i)}$ を各粒子について計算した場合,得られるアンサンブル $\{\boldsymbol{x}_{k|k-1}^{(i)}\}_{i=1}^{N}$ の標本平均は

$$\hat{x}_{k|k-1} = \frac{1}{N}\sum_{i=1}^{N} \boldsymbol{x}_{k|k-1}^{(i)} = \frac{1}{N}\sum_{i=1}^{N} \boldsymbol{f}(x_{k-1|k-1}^{(i)}) \tag{6.18}$$

となる.ここで,

$$\begin{pmatrix} \boldsymbol{z}_{k-1}^{(1)} & \cdots & \boldsymbol{z}_{k-1}^{(N)} \end{pmatrix} = \begin{pmatrix} \sqrt{N} & & \mathbf{O} \\ & \ddots & \\ \mathbf{O} & & \sqrt{N} \end{pmatrix} \tag{6.19}$$

とおくと,各 $\boldsymbol{x}_{k|k-1}^{(i)}$ は

$$\boldsymbol{x}_{k|k-1}^{(i)} = \boldsymbol{f}(\bar{\boldsymbol{x}}_{k-1|k-1} + \mathbf{X}_{k-1|k-1}\boldsymbol{z}_{k-1}^{(i)}) \tag{6.20}$$

と書ける.そこで,$\boldsymbol{x}_{k|k-1}^{(i)}$ の l 番目の要素 $x_{k|k-1,l}^{(i)}$ を 2 次のテイラー展開に基づく式 (6.15) を使って近似すると,

$$\begin{aligned} x_{k|k-1,l}^{(i)} \simeq{}& f_l(\bar{\boldsymbol{x}}_{k-1|k-1}) + \nabla f_l(\bar{\boldsymbol{x}}_{k-1|k-1})^{\mathsf{T}}\mathbf{X}_{k-1|k-1}\boldsymbol{z}_{k-1}^{(i)} \\ &+ \frac{1}{2}\left[\mathbf{X}_{k-1|k-1}\boldsymbol{z}_{k-1}^{(i)}\right]^{\mathsf{T}}\nabla^2 f_l(\bar{\boldsymbol{x}}_{k-1|k-1})\left[\mathbf{X}_{k-1|k-1}\boldsymbol{z}_{k-1}^{(i)}\right]. \end{aligned} \tag{6.21}$$

この標本平均を取ると,$\hat{\boldsymbol{x}}_{k|k-1}$ の l 番目の要素は

$$\begin{aligned} \hat{x}_{k|k-1,l} \simeq{}& f_l(\bar{\boldsymbol{x}}_{k-1|k-1}) + \frac{1}{N}\sum_{i=1}^{N}\left[\nabla f_l(\bar{\boldsymbol{x}}_{k-1|k-1})^{\mathsf{T}}\mathbf{X}_{k-1|k-1}\boldsymbol{z}_{k-1}^{(i)}\right] \\ &+ \frac{1}{2N}\sum_{i=1}^{N}\left[\mathbf{X}_{k-1|k-1}\boldsymbol{z}_{k-1}^{(i)}\right]^{\mathsf{T}}\nabla^2 f_l(\bar{\boldsymbol{x}}_{k-1|k-1})\left[\mathbf{X}_{k-1|k-1}\boldsymbol{z}_{k-1}^{(i)}\right]. \end{aligned} \tag{6.22}$$

式 (6.22) の右辺第 2 項は

$$\sum_{i=1}^{N} \mathbf{X}_{k-1|k-1} \boldsymbol{z}_{k-1}^{(i)} = \sum_{i=1}^{N} (\boldsymbol{x}_{k-1|k-1}^{(i)} - \bar{\boldsymbol{x}}_{k-1|k-1}) = \mathbf{0}$$

となるので消える。さらに，任意の N 次正方行列 $\mathbf{A}$ に対して

$$\frac{1}{N} \sum_{i=1}^{N} \boldsymbol{z}_{k-1}^{(i)\mathsf{T}} \mathbf{A} \boldsymbol{z}_{k-1}^{(i)} = \frac{1}{N} \sum_{i=1}^{N} N A_{ii} = \operatorname{tr} \mathbf{A}$$

が成り立つことを使えば，

$$\hat{x}_{k|k-1,l} \simeq f_l(\bar{\boldsymbol{x}}_{k-1|k-1}) + \frac{1}{2} \operatorname{tr} \left(\mathbf{X}_{k-1|k-1}^{\mathsf{T}} \nabla^2 f_l(\bar{\boldsymbol{x}}_{k-1|k-1}) \mathbf{X}_{k-1|k-1} \right)$$

$$(6.23)$$

となり，式 (6.17) の解析的に求めた $\bar{x}_{k|k-1,l}$ の 2 次近似と一致する。これが $l = 1, \dots, m$ に対して成り立つので，アンサンブルの標本平均 $\hat{\boldsymbol{x}}_{k|k-1}$ は，予測分布の平均について 2 次の項まで一致するような推定値となることがいえる。

次に分散共分散行列について考える。予測分布の分散共分散行列は，システムノイズを無視した場合，

$$\mathbf{P}_{k|k-1}$$
$$= \int (\boldsymbol{f}(\boldsymbol{x}_{k-1}) - \bar{\boldsymbol{x}}_{k|k-1})(\boldsymbol{f}(\boldsymbol{x}_{k-1}) - \bar{\boldsymbol{x}}_{k|k-1})^{\mathsf{T}} p(\boldsymbol{x}_{k-1}|\boldsymbol{y}_{1:k-1}) \, d\boldsymbol{x}_{k-1}$$

$$(6.24)$$

と書ける。式 (6.15) と式 (6.17) を用いると，

$$f_l(\boldsymbol{x}_{k-1}) - \bar{x}_{k|k-1,l} \simeq (\nabla f_l(\bar{\boldsymbol{x}}_{k-1|k-1}))^{\mathsf{T}} \mathbf{X}_{k-1|k-1} \boldsymbol{z}_{k-1}$$
$$+ \frac{1}{2} \boldsymbol{z}_{k-1}^{\mathsf{T}} \mathbf{X}_{k-1|k-1}^{\mathsf{T}} \nabla^2 f_l(\bar{\boldsymbol{x}}_{k-1|k-1}) \mathbf{X}_{k-1|k-1} \boldsymbol{z}_{k-1} \quad (6.25)$$
$$- \frac{1}{2} \operatorname{tr} \left(\mathbf{X}_{k-1|k-1}^{\mathsf{T}} \nabla^2 f_l(\bar{\boldsymbol{x}}_{k-1|k-1}) \mathbf{X}_{k-1|k-1} \right).$$

式 (6.24) に (6.25) を代入し，$\mathbf{X}_{k-1|k-1}$ についての 3 次以上の項を無視

する[1]と,

$$\mathbf{P}_{k|k-1} \simeq \tilde{\mathbf{F}}_{\boldsymbol{x}_{k-1|k-1}} \mathbf{X}_{k-1|k-1} \mathbf{X}_{k-1|k-1}^{\mathsf{T}} \tilde{\mathbf{F}}_{\boldsymbol{x}_{k-1|k-1}}^{\mathsf{T}} \tag{6.26}$$

という近似が得られる. ただし, $\tilde{\mathbf{F}}_{\boldsymbol{x}_{k-1|k-1}}$ は $\boldsymbol{f}$ のヤコビ行列であり,

$$\tilde{\mathbf{F}}_{\boldsymbol{x}_{k-1|k-1}} = \begin{pmatrix} \nabla f_1(\bar{\boldsymbol{x}}_{k-1|k-1})^{\mathsf{T}} \\ \vdots \\ \nabla f_m(\bar{\boldsymbol{x}}_{k-1|k-1})^{\mathsf{T}} \end{pmatrix}. \tag{6.27}$$

また,

$$\int \boldsymbol{z}_{k-1} \boldsymbol{z}_{k-1}^{\mathsf{T}} d\boldsymbol{z}_{k-1} = \mathbf{I}_N \tag{6.28}$$

となることを利用した.

これに対して, アンサンブル $\{\boldsymbol{x}_{k|k-1}^{(i)}\}_{i=1}^{N}$ の標本分散共分散行列は

$$\hat{\mathbf{P}}_{k|k-1} = \frac{1}{N} \sum_{i=1}^{N} \left[\boldsymbol{f}(\boldsymbol{x}_{k-1|k-1}^{(i)}) - \hat{\boldsymbol{x}}_{k|k-1} \right] \left[\boldsymbol{f}(\boldsymbol{x}_{k-1|k-1}^{(i)}) - \hat{\boldsymbol{x}}_{k|k-1} \right]^{\mathsf{T}} \tag{6.29}$$

となる. 式 (6.21), (6.23) から,

$$\begin{aligned}
\boldsymbol{f}(&\boldsymbol{x}_{k-1|k-1}^{(i)}) - \hat{\boldsymbol{x}}_{k|k-1} \\
&\simeq \tilde{\mathbf{F}}_{\bar{\boldsymbol{x}}_{k-1|k-1}} \mathbf{X}_{k-1|k-1} \boldsymbol{z}_{k-1}^{(i)} \\
&\quad + \frac{1}{2} \left[\mathbf{X}_{k-1|k-1} \boldsymbol{z}_{k-1}^{(i)} \right]^{\mathsf{T}} \nabla^2 f_l(\bar{\boldsymbol{x}}_{k-1|k-1}) \left[\mathbf{X}_{k-1|k-1} \boldsymbol{z}_{k-1}^{(i)} \right] \\
&\quad - \frac{1}{2} \operatorname{tr} \left(\mathbf{X}_{k-1|k-1}^{\mathsf{T}} \nabla^2 f_l(\bar{\boldsymbol{x}}_{k-1|k-1}) \mathbf{X}_{k-1|k-1} \right)
\end{aligned} \tag{6.30}$$

となるので,

$$\frac{1}{N} \sum_{k=1}^{N} \boldsymbol{z}_{k-1}^{(i)} \boldsymbol{z}_{k-1}^{(i)\mathsf{T}} = \mathbf{I}_N \tag{6.31}$$

---

[1]式 (6.25) の 2 次の項は, $\mathbf{P}_{k|k-1}$ の 3 次以上の項にしか効かないので, 実質的には $f_l(\boldsymbol{x}_{k-1})$ を 1 次近似したのと同じになっている.

に注意して $\hat{\mathbf{P}}_{k|k-1}$ を 2 次の項まで計算すると，

$$\hat{\mathbf{P}}_{k|k-1} \simeq \tilde{\mathbf{F}}_{\boldsymbol{x}_{k-1|k-1}} \mathbf{X}_{k-1|k-1} \mathbf{X}_{k-1|k-1}^{\mathsf{T}} \tilde{\mathbf{F}}_{\boldsymbol{x}_{k-1|k-1}}^{\mathsf{T}}. \tag{6.32}$$

したがって，システムノイズが $\mathbf{0}$ の場合，標本分散共分散行列 $\hat{\mathbf{P}}_{k|k-1}$ は予測分布の分散共分散行列 $\mathbf{P}_{k|k-1}$ を 2 次の項まで近似していることが分かる.

以上の議論により，システムノイズを無視すれば，式 (6.6) に従って各アンサンブルメンバーにシミュレーションモデルを適用することで，予測分布の平均ベクトル，分散共分散行列をそれぞれ 2 次の精度で近似するアンサンブルが得られることが分かった. 実際の問題に適用する際にはシステムノイズの扱いが問題となるが，これについては 6.4 節で議論することにし，次節では先にフィルタ分布の計算方法について説明する.

6.3　アンサンブル変換カルマンフィルタ

前章で説明した摂動観測法によるアンサンブルカルマンフィルタでは，観測ノイズの分布 $p(\boldsymbol{w}_k)$ からのランダムサンプル $\boldsymbol{w}_k^{(i)}$ を使うため，N が小さい場合には，乱数による誤差の寄与が大きくなる可能性がある. そこで，N が小さい場合に適した方法として，乱数を使わずにフィルタリングを行う**アンサンブル平方根フィルタ** (ensemble square root filters) [21] というカテゴリーに属する方法がいくつか存在する. ここでは，アンサンブル平方根フィルタの中でも広く使われている**アンサンブル変換カルマンフィルタ** (ensemble transform Kalman filter; ETKF)[4] を紹介する.

アンサンブル変換カルマンフィルタでは，時刻 t_k における予測アンサンブル $\{\boldsymbol{x}_{k|k-1}^{(i)}\}_{i=1}^{N}$ が得られたら，まず，平均ベクトル $\bar{\boldsymbol{x}}_{k|k-1}$ と分散共分散行列の平方根 $\mathbf{X}_{k|k-1}$ を

$$\bar{\boldsymbol{x}}_{k|k-1} = \frac{1}{N} \sum_{i=1}^{N} \boldsymbol{x}_{k|k-1}^{(i)}, \tag{6.33}$$

$$\mathbf{X}_{k|k-1} = \frac{1}{\sqrt{N}} \left(\boldsymbol{x}_{k|k-1}^{(1)} - \bar{\boldsymbol{x}}_{k|k-1} \quad \cdots \quad \boldsymbol{x}_{k|k-1}^{(N)} - \bar{\boldsymbol{x}}_{k|k-1} \right) \tag{6.34}$$

のように得る. 次に, $\bar{\boldsymbol{x}}_{k|k-1}$, $\mathbf{X}_{k|k-1}$ と観測データ $\boldsymbol{y}_k$ を用いて, フィルタ分布の平均ベクトル $\bar{\boldsymbol{x}}_{k|k}$ と分散共分散行列の平方根 $\mathbf{X}_{k|k}$ を求める. フィルタ分布の平均 $\bar{\boldsymbol{x}}_{k|k}$ は, カルマンフィルタの式 (4.18) に従って

$$\bar{\boldsymbol{x}}_{k|k} = \bar{\boldsymbol{x}}_{k|k-1} + \mathbf{K}_k \left(\boldsymbol{y}_k - \mathbf{H}_k \bar{\boldsymbol{x}}_{k|k-1} \right) \tag{6.35}$$

のように得る. カルマンゲイン $\mathbf{K}_k$ は, カルマンフィルタのときに用いた式 (4.17) に基づいて計算されるが, アンサンブル変換カルマンフィルタの枠組みで効率的に計算する方法についてはあとで述べる.

フィルタ分布の分散共分散行列の平方根 $\mathbf{X}_{k|k}$ は

$$\mathbf{X}_{k|k} = \mathbf{X}_{k|k-1} \mathbf{T}_k \tag{6.36}$$

のように $\mathbf{X}_{k|k-1}$ に変換行列 $\mathbf{T}_k$ を掛けることによって得る. ここで $\mathbf{T}_k$ は, N 次の正方行列で, 以下の2つの式を満たすように求める:

$$\begin{aligned} \mathbf{X}_{k|k} & \mathbf{X}_{k|k}^{\mathsf{T}} \\ &= \mathbf{X}_{k|k-1} \mathbf{T}_k \mathbf{T}_k^{\mathsf{T}} \mathbf{X}_{k|k}^{\mathsf{T}} \\ &= \mathbf{X}_{k|k-1} \mathbf{X}_{k|k-1}^{\mathsf{T}} \\ &\quad - \mathbf{X}_{k|k-1} \mathbf{X}_{k|k-1}^{\mathsf{T}} \mathbf{H}_k^{\mathsf{T}} (\mathbf{H}_k \mathbf{X}_{k|k-1} \mathbf{X}_{k|k-1}^{\mathsf{T}} \mathbf{H}_k^{\mathsf{T}} + \mathbf{R}_k)^{-1} \mathbf{H}_k \mathbf{X}_{k|k-1} \mathbf{X}_{k|k-1}^{\mathsf{T}}, \end{aligned} \tag{6.37}$$

$$\mathbf{X}_{k|k} \mathbf{1}_N = \mathbf{X}_{k|k-1} \mathbf{T}_k \mathbf{1}_N = \mathbf{0}. \tag{6.38}$$

式 (6.37) は, $\mathbf{P}_{k|k-1} = \mathbf{X}_{k|k-1} \mathbf{X}_{k|k-1}^{\mathsf{T}}$ と置き換えると分かるように, カルマンフィルタの分散共分散行列の式 (4.16) と同じものである. 式 (6.38) は, $\mathbf{X}_{k|k}$ に $\sqrt{N}$ を掛けた行列 $\sqrt{N} \mathbf{X}_{k|k}$ を

$$\left(\delta \boldsymbol{x}_{k|k}^{(1)} \quad \cdots \quad \delta \boldsymbol{x}_{k|k}^{(N)} \right) = \sqrt{N} \, \mathbf{X}_{k|k} \tag{6.39}$$

のように列ベクトルに分解したとき,

$$\sum_{i=1}^{N} \delta\boldsymbol{x}_{k|k}^{(i)} = 0 \tag{6.40}$$

が成り立つことを意味する．したがって，式 (6.38) が成り立っていれば，

$$\boldsymbol{x}_{k|k}^{(i)} = \bar{\boldsymbol{x}}_{k|k} + \delta\boldsymbol{x}_{k|k}^{(i)} \tag{6.41}$$

のように各アンサンブルメンバーを生成してフィルタアンサンブルを構成したときに，アンサンブルの標本平均が

$$\sum_{i=1}^{N} \boldsymbol{x}_{k|k}^{(i)} = \bar{\boldsymbol{x}}_{k|k} \tag{6.42}$$

と $\bar{\boldsymbol{x}}_{k|k}$ に一致することになる．逆に式 (6.38) が成り立たないと，式 (6.42) が成り立たなくなってしまう．

6.3.1 変換行列 $\mathbf{T}_k$ の計算

それでは，変換行列 $\mathbf{T}_k$ の具体的な計算方法を考えることにしよう．式 (6.37) を変形すると，

$$\begin{aligned}
&\mathbf{X}_{k|k-1}\mathbf{T}_k\mathbf{T}_k^{\mathsf{T}}\mathbf{X}_{k|k-1}^{\mathsf{T}} \\
&= \mathbf{X}_{k|k-1}\mathbf{X}_{k|k-1}^{\mathsf{T}} \\
&\quad - \mathbf{X}_{k|k-1}\mathbf{X}_{k|k-1}^{\mathsf{T}}\mathbf{H}_k^{\mathsf{T}}(\mathbf{H}_k\mathbf{X}_{k|k-1}\mathbf{X}_{k|k-1}^{\mathsf{T}}\mathbf{H}_k^{\mathsf{T}} + \mathbf{R}_k)^{-1}\mathbf{H}_k\mathbf{X}_{k|k-1}\mathbf{X}_{k|k-1}^{\mathsf{T}} \\
&= \mathbf{X}_{k|k-1}\mathbf{X}_{k|k-1}^{\mathsf{T}} \\
&\quad - \mathbf{X}_{k|k-1}\mathbf{Y}_{k|k-1}^{\mathsf{T}}(\mathbf{Y}_{k|k-1}\mathbf{Y}_{k|k-1}^{\mathsf{T}} + \mathbf{R}_k)^{-1}\mathbf{Y}_{k|k-1}\mathbf{X}_{k|k-1}^{\mathsf{T}} \\
&= \mathbf{X}_{k|k-1}\Big(\mathbf{I}_N - \mathbf{Y}_{k|k-1}^{\mathsf{T}}(\mathbf{Y}_{k|k-1}\mathbf{Y}_{k|k-1}^{\mathsf{T}} + \mathbf{R}_k)^{-1}\mathbf{Y}_{k|k-1}\Big)\mathbf{X}_{k|k-1}^{\mathsf{T}}.
\end{aligned} \tag{6.43}$$

ただし，$\mathbf{Y}_{k|k-1} = \mathbf{H}_k\mathbf{X}_{k|k-1}$ とおいた．式 (6.43) から，

$$\mathbf{T}_k\mathbf{T}_k^{\mathsf{T}} = \mathbf{I}_N - \mathbf{Y}_{k|k-1}^{\mathsf{T}}(\mathbf{Y}_{k|k-1}\mathbf{Y}_{k|k-1}^{\mathsf{T}} + \mathbf{R}_k)^{-1}\mathbf{Y}_{k|k-1} \tag{6.44}$$

が成り立てばよい．これにウッドベリーの公式 (3.33) を適用すると，

$$\mathbf{T}_k\mathbf{T}_k^\mathsf{T} = \left(\mathbf{I}_N + \mathbf{Y}_{k|k-1}^\mathsf{T}\mathbf{R}_k^{-1}\mathbf{Y}_{k|k-1}\right)^{-1} \tag{6.45}$$

となるので，これが満たされれば，式 (6.37) も満足されることがいえる．ここで，式 (6.45) を満たす行列 $\mathbf{T}_k$ を求めるために，以下の固有値分解を行う：

$$\mathbf{Y}_{k|k-1}^\mathsf{T}\mathbf{R}_k^{-1}\mathbf{Y}_{k|k-1} = \mathbf{U}_k\mathbf{\Lambda}_k\mathbf{U}_k^\mathsf{T}. \tag{6.46}$$

$\mathbf{Y}_{k|k-1}^\mathsf{T}\mathbf{R}_k^{-1}\mathbf{Y}_{k|k-1}$ は対称行列なので，$\mathbf{U}_k$ は直交行列となり，式 (6.45) は以下のように変形できる：

$$
\begin{aligned}
\mathbf{T}_k\mathbf{T}_k^\mathsf{T} &= \left(\mathbf{I}_N + \mathbf{U}_k\mathbf{\Lambda}_k\mathbf{U}_k^\mathsf{T}\right)^{-1} = \left(\mathbf{U}_k\mathbf{U}_k^\mathsf{T} + \mathbf{U}_k\mathbf{\Lambda}_k\mathbf{U}_k^\mathsf{T}\right)^{-1} \\
&= \left[\mathbf{U}_k(\mathbf{I}_N + \mathbf{\Lambda}_k)\mathbf{U}_k^\mathsf{T}\right]^{-1} = \mathbf{U}_k(\mathbf{I}_N + \mathbf{\Lambda}_k)^{-1}\mathbf{U}_k^\mathsf{T}.
\end{aligned} \tag{6.47}
$$

$\mathbf{I}_N + \mathbf{\Lambda}_k$ は対角行列なので，逆行列を求めるのは容易で

$$\mathbf{\Lambda}_k = \begin{pmatrix} \lambda_{k,1} & & \mathbf{O} \\ & \ddots & \\ \mathbf{O} & & \lambda_{k,N} \end{pmatrix} \tag{6.48}$$

とおくと，

$$(\mathbf{I}_N + \mathbf{\Lambda}_k)^{-1} = \begin{pmatrix} 1/(1+\lambda_{k,1}) & & \mathbf{O} \\ & \ddots & \\ \mathbf{O} & & 1/(1+\lambda_{k,N}) \end{pmatrix} \tag{6.49}$$

となる．さらに $(\mathbf{I}_N + \mathbf{\Lambda}_k)^{-\frac{1}{2}}(\mathbf{I}_N + \mathbf{\Lambda}_k)^{-\frac{1}{2}} = (\mathbf{I}_N + \mathbf{\Lambda}_k)^{-1}$ を満たす対角行列 $(\mathbf{I}_N + \mathbf{\Lambda}_k)^{-\frac{1}{2}}$ も

$$(\mathbf{I}_N + \mathbf{\Lambda}_k)^{-\frac{1}{2}} = \begin{pmatrix} 1/\sqrt{1+\lambda_{k,1}} & & \mathbf{O} \\ & \ddots & \\ \mathbf{O} & & 1/\sqrt{1+\lambda_{k,N}} \end{pmatrix} \tag{6.50}$$

のように求められる．したがって，$\mathbf{W}$ を直交行列として，

$$\mathbf{T}_k = \mathbf{U}_k(\mathbf{I}_N + \mathbf{\Lambda}_k)^{-\frac{1}{2}}\mathbf{W} \tag{6.51}$$

という形であれば，式 (6.47) が満足されることになる.

あとは，式 (6.38) が満たされるように $\mathbf{W}$ を決めればよいが，$\mathbf{W} = \mathbf{U}_k^{\mathsf{T}}$ とおいて

$$\mathbf{T}_k = \mathbf{U}_k(\mathbf{I}_N + \mathbf{\Lambda}_k)^{-\frac{1}{2}}\mathbf{U}_k^{\mathsf{T}} \tag{6.52}$$

とするのが 1 つの手段となる．これが式 (6.38) が満たすことは，以下のように確認できる [15].

まず，式 (6.5) より $\mathbf{X}_{k|k-1}\mathbf{1}_N = \mathbf{0}$ なので，$\mathbf{Y}_{k|k-1}\mathbf{1}_N = \mathbf{H}_k\mathbf{X}_{k|k-1}\mathbf{1}_N = \mathbf{0}$ となることに注意すると，式 (6.44) から，

$$\mathbf{T}_k\mathbf{T}_k^{\mathsf{T}}\mathbf{1}_N = \mathbf{1}_N \tag{6.53}$$

が成り立つ．これは，行列 $\mathbf{T}_k\mathbf{T}_k^{\mathsf{T}}$ がベクトル $\mathbf{1}_N$ を固有ベクトルに持ち，それに対応する固有値が 1 であることを意味する．式 (6.47) は対称行列 $\mathbf{T}_k\mathbf{T}_k^{\mathsf{T}}$ の固有値分解を与えるので，直交行列 $\mathbf{U}_k$ を

$$\mathbf{U}_k = \begin{pmatrix} \boldsymbol{u}_k^{(1)} & \cdots & \boldsymbol{u}_k^{(N)} \end{pmatrix} \tag{6.54}$$

のように列ベクトルに分解すると，N 個の列ベクトルのうちの 1 つが $\mathbf{1}_N$ に平行になる．そこで，$\boldsymbol{u}_k^{(N)}$ が $\mathbf{1}_N$ に平行なベクトルであったとしよう．$\mathbf{T}_k\mathbf{T}_k^{\mathsf{T}}$ の各固有値は式 (6.49) の対角要素であり，そのうち $\boldsymbol{u}_k^{(N)}$ に対応する固有値が 1 なので，

$$\frac{1}{1 + \lambda_{k,N}} = 1 \tag{6.55}$$

が成り立つ.

さて，$\mathbf{T}_k$ を式 (6.52) のように与えたとき，$\mathbf{T}_k$ は対称行列になり，式 (6.52) の右辺が $\mathbf{T}_k$ の固有値分解になる．このことから，$\boldsymbol{u}_k^{(N)}$ あるいは $\mathbf{1}_N$ は $\mathbf{T}_k$ の固有ベクトルであり，それに対応する固有値が 1 になることが直ちに分かる．したがって，

$$\mathbf{T}_k \mathbf{1}_N = \mathbf{1}_N. \tag{6.56}$$

よって，$\mathbf{X}_{k|k-1}\mathbf{1}_N = \mathbf{0}$ が成り立っていれば

$$\mathbf{X}_{k|k}\mathbf{1}_N = \mathbf{X}_{k|k-1}\mathbf{T}_k\mathbf{1}_N = \mathbf{X}_{k|k-1}\mathbf{1}_N = \mathbf{0} \tag{6.57}$$

が成り立つ．したがって，式 (6.52) のように $\mathbf{T}_k$ を与えれば，式 (6.37), (6.38) の両方を満たす $\mathbf{X}_{k|k}$ が得られる．行列 $\mathbf{U}_k$, $\mathbf{\Lambda}_k$ を得るのに，式 (6.46) の固有値分解が必要となるが，$\mathbf{Y}_{k|k-1}^{\mathsf{T}}\mathbf{R}_k^{-1}\mathbf{Y}_{k|k-1}$ は N 次の正方行列であり，アンサンブルメンバー数 N は，通常 $\boldsymbol{x}_k$ や $\boldsymbol{y}_k$ の次元よりずっと小さいので，計算コストもさほど問題にはならない．

6.3.2　カルマンゲイン

フィルタ分布の分散共分散行列を表す $\mathbf{X}_{k|k}$ は $\mathbf{T}_k$ を使えば求まるので，次に平均ベクトル $\bar{\boldsymbol{x}}_{k|k}$ を求める．$\bar{\boldsymbol{x}}_{k|k}$ は，式 (6.35) から計算すればよいが，このときに用いるカルマンゲイン $\mathbf{K}_k$ の計算には，式 (6.46) の固有値分解の結果を用いるとよい．カルマンフィルタで用いたカルマンゲインの式 (4.17) で，分散共分散行列を $\mathbf{P}_{k|k-1} = \mathbf{X}_{k|k-1}\mathbf{X}_{k|k-1}^{\mathsf{T}}$ に置き換え，式 (5.39) と同様の変形を施すと，

$$\begin{aligned}
\mathbf{K}_k &= \mathbf{X}_{k|k-1}\mathbf{X}_{k|k-1}^{\mathsf{T}}\mathbf{H}_k^{\mathsf{T}}(\mathbf{H}_k\mathbf{X}_{k|k-1}\mathbf{X}_{k|k-1}^{\mathsf{T}}\mathbf{H}_k^{\mathsf{T}} + \mathbf{R}_k)^{-1} \\
&= \mathbf{X}_{k|k-1}\mathbf{Y}_{k|k-1}^{\mathsf{T}}(\mathbf{Y}_{k|k-1}\mathbf{Y}_{k|k-1}^{\mathsf{T}} + \mathbf{R}_k)^{-1} \\
&= \mathbf{X}_{k|k-1}(\mathbf{I}_N + \mathbf{Y}_{k|k-1}^{\mathsf{T}}\mathbf{R}_k^{-1}\mathbf{Y}_{k|k-1})^{-1}\mathbf{Y}_{k|k-1}^{\mathsf{T}}\mathbf{R}_k^{-1}.
\end{aligned} \tag{6.58}$$

これに，式 (6.46) を代入して変形すると，

$$\begin{aligned}
\mathbf{K}_k &= \mathbf{X}_{k|k-1}\left(\mathbf{I}_N + \mathbf{U}_k\mathbf{\Lambda}_k\mathbf{U}_k^{\mathsf{T}}\right)^{-1}\mathbf{Y}_{k|k-1}^{\mathsf{T}}\mathbf{R}_k^{-1} \\
&= \mathbf{X}_{k|k-1}\left[\mathbf{U}_k(\mathbf{I}_N + \mathbf{\Lambda}_k)\mathbf{U}_k^{\mathsf{T}}\right]^{-1}\mathbf{Y}_{k|k-1}^{\mathsf{T}}\mathbf{R}_k^{-1} \\
&= \mathbf{X}_{k|k-1}\mathbf{U}_k(\mathbf{I}_N + \mathbf{\Lambda}_k)^{-1}\mathbf{U}_k^{\mathsf{T}}\mathbf{Y}_{k|k-1}^{\mathsf{T}}\mathbf{R}_k^{-1}.
\end{aligned} \tag{6.59}$$

この式を用いれば，$\mathbf{K}_k$ は容易に得られる．

6.3.3 アンサンブル変換カルマンフィルタのアルゴリズム

一旦ここで，アンサンブル変換カルマンフィルタのアルゴリズムをアルゴリズム5にまとめておく．ここでは，システムノイズを無視した場合のアルゴリズムを示している．システムノイズの扱いについては，次節で議論する．

なお，アルゴリズム5では，初期値 $\boldsymbol{x}_0$ の分布に関して，まず確率分布

アルゴリズム5 アンサンブル変換カルマンフィルタ

1: $p(\boldsymbol{x}_0)$ を表現するアンサンブル $\{\boldsymbol{x}_{0|0}^{(i)}\}_{i=1}^{N}$ を生成する．

2: **for** $k := 1, \ldots, K$ **do**　　　　　　　　　$\triangleright$ # k は時間ステップ

　# [一期先予測]

3:　　**for** $i := 1, \ldots, N$ **do**

4:　　　　$\boldsymbol{x}_{k|k-1}^{(i)} := \boldsymbol{f}(\boldsymbol{x}_{k-1|k-1}^{(i)})$

5:　　**end for**

　# [フィルタリング]

6:　　$\bar{\boldsymbol{x}}_{k|k-1} := \dfrac{1}{N} \displaystyle\sum_{i=1}^{N} \boldsymbol{x}_{k|k-1}^{(i)}$

7:　　$\mathbf{X}_{k|k-1} := \dfrac{1}{\sqrt{N}} \left(\boldsymbol{x}_{k|k-1}^{(1)} - \bar{\boldsymbol{x}}_{k|k-1} \quad \cdots \quad \boldsymbol{x}_{k|k-1}^{(N)} - \bar{\boldsymbol{x}}_{k|k-1} \right)$

8:　　$\mathbf{Y}_{k|k-1} := \mathbf{H}_k \mathbf{X}_{k|k-1}$

9:　　固有値分解 $\mathbf{Y}_{k|k-1}^{\mathsf{T}} \mathbf{R}_k^{-1} \mathbf{Y}_{k|k-1} := \mathbf{U}_k \boldsymbol{\Lambda}_k \mathbf{U}_k^{\mathsf{T}}$ を行う

10:　　$\mathbf{K}_k := \mathbf{X}_{k|k-1} \mathbf{U}_k (\mathbf{I}_N + \boldsymbol{\Lambda}_k)^{-1} \mathbf{U}_k^{\mathsf{T}} \mathbf{Y}_{k|k-1}^{\mathsf{T}} \mathbf{R}_k^{-1}$

11:　　$\mathbf{T}_k := \mathbf{U}_k (\mathbf{I}_N + \boldsymbol{\Lambda}_k)^{-\frac{1}{2}} \mathbf{U}_k^{\mathsf{T}}$

12:　　$\bar{\boldsymbol{x}}_{k|k} := \bar{\boldsymbol{x}}_{k|k-1} + \mathbf{K}_k \left(\boldsymbol{y}_k - \mathbf{H}_k \bar{\boldsymbol{x}}_{k|k-1} \right)$

13:　　$\mathbf{X}_{k|k} := \mathbf{X}_{k|k-1} \mathbf{T}_k$

14:　　$\left(\delta\boldsymbol{x}_{k|k}^{(1)} \quad \cdots \quad \delta\boldsymbol{x}_{k|k}^{(N)} \right) := \sqrt{N} \mathbf{X}_{k|k}$ とおく

15:　　**for** $i := 1, \ldots, N$ **do**

16:　　　　$\boldsymbol{x}_{k|k}^{(i)} := \bar{\boldsymbol{x}}_{k|k} + \delta\boldsymbol{x}_{k|k}^{(i)}$

17:　　**end for**

18: **end for**

$p(\boldsymbol{x}_0)$ を与えた上で，アンサンブル $\{\boldsymbol{x}^{(i)}\}_{i=1}^N$ を構成するという書き方にしている．ただ，実用上は与えられた分布 $p(\boldsymbol{x}_0)$ に応じてアンサンブルメンバーを用意するというよりも，先に何らかの方法で N 個のアンサンブルメンバーを用意し，その標本平均，標本分散共分散行列で $\bar{\boldsymbol{x}}, \mathbf{P}$ を与えることが多い．例えば，

- シミュレーションモデルのパラメータのいくつかに摂動を与えて一定時間シミュレーションを実行した結果を N 個用意して，アンサンブルを構成する
- シミュレーションを長時間実行し，異なる N 個の時間ステップでの状態を保存して，アンサンブルを構成する

などの方法が考えられる．

6.4　システムノイズの扱い

6.2 節では予測分布の近似を得る際にシステムノイズ $\boldsymbol{v}_k$ の寄与を無視した．しかし，システムノイズを $\mathbf{0}$ とおいてしまうと，N 個のアンサンブルメンバーの間の距離が時間ステップごとに縮まっていく．これは，フィルタリングの操作で分散共分散行列が縮小するのに対応している．フィルタリングを繰り返すと，すべてのアンサンブルメンバーが似た値を取るようになり，予測分布の分散共分散行列 $\mathbf{P}_{k|k-1}$ が零行列に近い状態になる．こうなると，式 (4.17) から分かるように，カルマンゲインも零行列に近づくので，観測の情報が推定に反映されなくなる．そのため，シミュレーションモデル $\boldsymbol{f}$ がシステムの時間発展を完璧に再現できない限り，推定される $\boldsymbol{x}_k$ の値は，現実の値から次第にずれていく．また，仮にシミュレーションモデル $\boldsymbol{f}$ が完璧だったとしても，6.2 節で見たように，有限のアンサンブルメンバーで表現される予測分布はあくまでも近似であり，近似誤差を含んでいる．この近似誤差もシステムノイズを $\mathbf{0}$ とした場合に推定が現実からずれる原因となり得る．

有限の粒子によるアンサンブルでは，カルマンフィルタのようにシステムノイズ $\boldsymbol{v}_k$ の分布 $p(\boldsymbol{v}_k)$ を考えて，予測分布にうまく反映させるのは容易ではない[2]．しかし，システムノイズに相当するものとして，アンサンブルメンバーの間の距離を維持するような処理がいくつか提案されている．実装がしやすい方法として，以下の3つを挙げておく．

● モンテカルロ法

1つの方法として考えられるのは，第5章のアンサンブルカルマンフィルタで用いた方法で，式 (5.12) あるいは (5.19) に従って，システムノイズを表す乱数 $\boldsymbol{v}_k^{(i)}$ を足すというものである．しかし，アンサンブルメンバー数 N が少ない場合，乱数による誤差の悪影響が大きくなり，かえって予測が悪化してしまう恐れがある．

● 共分散膨張

乱数を用いずにアンサンブルメンバー間の距離を広げる単純な方法として，機械的に各メンバーを平均から遠ざかる方向に動かすというやり方も提案されている．具体的には，まず，時刻 t_{k-1} におけるフィルタアンサンブルの各メンバー $\boldsymbol{x}_{k-1|k-1}^{(i)}$ $(i = 1, \ldots, N)$ に対してシミュレーションモデルを適用し，

$$\boldsymbol{x}_{k|k-1}^{\dagger(i)} = \boldsymbol{f}(\boldsymbol{x}_{k-1|k-1}^{(i)}) \tag{6.60}$$

を求めておく．そして，その平均 $\bar{\boldsymbol{x}}_{k|k-1}$ を計算した上で

$$\boldsymbol{x}_{k|k-1}^{(i)} = \bar{\boldsymbol{x}}_{k|k-1} + (1 + \varepsilon)\left(\boldsymbol{x}_{k|k-1}^{\dagger(i)} - \bar{\boldsymbol{x}}_{k|k-1}\right) \tag{6.61}$$

のように各粒子を予測分布の平均 $\bar{\boldsymbol{x}}_{k|k-1}$ から遠ざかる方向に動かして，予測アンサンブルを得るのである．ここで，ε は正の実数で $0.05 \sim 0.2$ 程度の値に設定することが多い．式 (6.61) の操作は，$\{\boldsymbol{x}_{k|k-1}^{\dagger(i)}\}$ の分散共分

---

[2] カルマンフィルタの一期先予測の式 (4.12) を近似するようにアンサンブルを構成する方法は考えられる [16, 19] が，手続きが面倒になってしまう．

散行列を $\mathbf{P}_{k|k-1}^{\dagger}$ として,各時間ステップのシステムノイズの分散共分散行列 $\mathbf{Q}_k$ を

$$\mathbf{Q}_k = \left[(1+\varepsilon)^2 - 1\right] \mathbf{P}_{k|k-1}^{\dagger} \tag{6.62}$$

と仮定したことに相当し,分散共分散行列に一定の数を掛けて広げる操作なので,**共分散膨張** (covariance inflation),あるいは**乗法的共分散膨張** (multiplicative covariance inflation)[2, 1] と呼ばれる.この方法は,簡易で使いやすいが,フィルタリングで分散が縮小した変数もそうでない変数も一律に一定の比率で分散が大きくなる.フィルタリングを行うと,観測と相関のある変数は分散が縮小するが,観測と直接関係しない変数(フィルタリングによる修正がかからない変数)があった場合,その分散は変化しない.そのような状況で乗法的共分散膨張を適用すると,フィルタリングで分散が変化しない変数に関して,分散が過大になってしまうので,注意する必要がある.

● 共分散緩和

フィルタリングの操作を適用したあとで,アンサンブルの広がり具合をフィルタリング前の予測分布に近づける共分散緩和 (relaxation to prior perturbation) という方法も提案されている [24].この方法では,まず,システムノイズなしで予測アンサンブルを計算し,そのままアンサンブル変換カルマンフィルタを適用する.次に,このとき得られる予測分布,フィルタ分布の分散共分散行列の平方根 $\mathbf{X}_{k|k-1}$, $\mathbf{X}_{k|k}$ を用いて,

$$\mathbf{X}_{k|k}^{\ddagger} = \alpha \mathbf{X}_{k|k-1} + (1-\alpha)\mathbf{X}_{k|k} \tag{6.63}$$

のように $m \times N$ 行列 $\mathbf{X}_{k|k}^{\ddagger}$ を求める.次の一期先予測を行う際には,$\mathbf{X}_{k|k}$ ではなく $\mathbf{X}_{k|k}^{\ddagger}$ を使って生成したアンサンブルを用いる.すなわち,

$$\left(\delta\boldsymbol{x}_{k|k}^{\ddagger(1)} \quad \cdots \quad \delta\boldsymbol{x}_{k|k}^{\ddagger(N)}\right) = \sqrt{N}\,\mathbf{X}_{k|k}^{\ddagger} \tag{6.64}$$

のように分解したあと,

$$\boldsymbol{x}_{k|k}^{(i)} = \bar{\boldsymbol{x}}_{k|k} + \delta\boldsymbol{x}_{k|k}^{\ddagger(i)} \tag{6.65}$$

からアンサンブルを生成し，一期先予測を行う．予測分布における $\boldsymbol{x}_k$ の各要素の分散は，フィルタ分布における分散より大きいので，式 (6.63) の $\mathbf{X}_{k|k}^{\ddagger}$ を使って分散共分散行列を予測分布に近づけた方が，$\mathbf{X}_{k|k}$ を使うよりもアンサンブルの広がりが大きくなる．これにより，アンサンブルの分散共分散行列が小さくなりすぎるのを回避できる．

6.5　局所アンサンブル変換カルマンフィルタ

式 (6.35) に式 (6.59) のカルマンゲインを代入すると，

$$\bar{\boldsymbol{x}}_{k|k} = \bar{\boldsymbol{x}}_{k|k-1} + \mathbf{X}_{k|k-1}\mathbf{U}_k(\mathbf{I}_N + \boldsymbol{\Lambda}_k)^{-1}\mathbf{U}_k^\mathsf{T}\mathbf{Y}_{k|k-1}^\mathsf{T}\mathbf{R}_k^{-1}\left(\boldsymbol{y}_k - \mathbf{H}_k\bar{\boldsymbol{x}}_{k|k-1}\right) \tag{6.66}$$

となる．さらに，

$$\boldsymbol{\beta}_{k|k} = \mathbf{U}_k(\mathbf{I}_N + \boldsymbol{\Lambda}_k)^{-1}\mathbf{U}_k^\mathsf{T}\mathbf{Y}_{k|k-1}^\mathsf{T}\mathbf{R}_k^{-1}\left(\boldsymbol{y}_k - \mathbf{H}_k\bar{\boldsymbol{x}}_{k|k-1}\right) \tag{6.67}$$

とおくと，$\bar{\boldsymbol{x}}_{k|k}$ は

$$\bar{\boldsymbol{x}}_{k|k} = \bar{\boldsymbol{x}}_{k|k-1} + \mathbf{X}_{k|k-1}\boldsymbol{\beta}_{k|k} \tag{6.68}$$

のように書ける．したがって，5.6 節で $\boldsymbol{x}_{k|k}^{(i)}$ が予測アンサンブルの線型結合になっていることを議論したのと同様に，$\bar{\boldsymbol{x}}_{k|k}$ が予測アンサンブルの線型結合で表されることが分かる．前章でも述べたように，このことは推定値が予測アンサンブルの張るアンサンブル空間に制限されることを意味する．特に，アンサンブル変換カルマンフィルタは，N が観測ベクトルの次元 n よりも小さくせざるを得ない状況で使われるのが普通で，推定値がアンサンブル空間に制限されることによる悪影響が出やすいので，局所化も必要になることが多い．

アンサンブル変換カルマンフィルタでは，5.6 節で述べた 2 つの局所化の方法のうちの **B** 局所化が適用できないため，**R** 局所化の方が用いられ

る．$\boldsymbol{x}_k$ の j 番目の要素 $x_{k,j}$ を推定する場合，$x_{k,j}$ が割り当てられている
グリッド点 $\boldsymbol{r}_j$ から局所化半径 λ_R 以内の領域 A_j で得られた観測のみを
参照して，アンサンブル変換カルマンフィルタのアルゴリズムを適用す
る．$\mathbf{R}$ 局所化を適用したアンサンブル変換カルマンフィルタのことを，
特に**局所アンサンブル変換カルマンフィルタ** (local ensemble transform
Kalman filter; LETKF)[12] と呼ぶ．

アルゴリズム 6 に，局所アンサンブル変換カルマンフィルタにおける
フィルタリングの処理の具体的な手順を示しておく．ただし，行列 $\mathbf{C}_j$
は，5.6 節で導入したのと同じもので，$\boldsymbol{y}_k$ から領域 A_j で得られた n_j 個
の観測を取り出す $n_j \times n$ 行列を意味している．アンサンブルカルマン
フィルタで扱った事例（図 5.9，図 5.10 の事例）を題材にアルゴリズム 6
の適用を試していただくとよいだろう（結果は，アンサンブルカルマンフィ
ルタのものと大差ないので，本書では示さない）．

6.5 局所アンサンブル変換カルマンフィルタ

アルゴリズム 6 局所アンサンブル変換カルマンフィルタ

\# フィルタリングの部分のみ示す

1: $\bar{\boldsymbol{x}}_{k|k-1} := \dfrac{1}{N} \displaystyle\sum_{i=1}^{N} \boldsymbol{x}_{k|k-1}^{(i)}$

2: $\mathbf{X}_{k|k-1} := \dfrac{1}{\sqrt{N}} \left(\boldsymbol{x}_{k|k-1}^{(1)} - \bar{\boldsymbol{x}}_{k|k-1} \quad \cdots \quad \boldsymbol{x}_{k|k-1}^{(N)} - \bar{\boldsymbol{x}}_{k|k-1} \right)$

3: $\mathbf{Y}_{k|k-1} := \mathbf{H}_k \mathbf{X}_{k|k-1}$

4: **for** $j := 1, \ldots, m$ **do**   ▷ \# j は各グリッド点

5:     $\bar{\boldsymbol{x}}_{k|k-1}$ の j 番目の要素を $\bar{x}_{k|k-1,j}$ とおく

6:     $\boldsymbol{x}_{k|k-1}^{(i)}$ の j 番目の要素を $x_{k|k-1,j}^{(i)}$ とおく

7:     $\boldsymbol{e}_{k|k-1,j}^{\mathsf{T}} := \dfrac{1}{\sqrt{N}} \left(x_{k|k-1,j}^{(1)} - \bar{x}_{k|k-1,j} \quad \cdots \quad x_{k|k-1,j}^{(N)} - \bar{x}_{k|k-1,j} \right)$

8:     $\mathbf{Y}_{k|k-1,j} := \mathbf{C}_j \mathbf{Y}_{k|k-1}$

9:     $\mathbf{R}_{k,j}^{-1} := \mathbf{C}_j \mathbf{R}_k^{-1} \mathbf{C}_j^{\mathsf{T}}$

10:    固有値分解 $\mathbf{Y}_{k|k-1,j}^{\mathsf{T}} \mathbf{R}_{k,j}^{-1} \mathbf{Y}_{k|k-1,j} = \mathbf{U}_{k,j} \mathbf{\Lambda}_{k,j} \mathbf{U}_{k,j}^{\mathsf{T}}$ を行う

11:    $\boldsymbol{\beta}_{k|k,j} := \mathbf{U}_{k,j} (\mathbf{I}_N + \mathbf{\Lambda}_{k,j})^{-1} \mathbf{U}_{k,j}^{\mathsf{T}} \mathbf{Y}_{k|k-1,j}^{\mathsf{T}} \mathbf{R}_{k,j}^{-1} \mathbf{C}_j \left(\boldsymbol{y}_k - \mathbf{H}_k \bar{\boldsymbol{x}}_{k|k-1} \right)$

12:    $\bar{x}_{k|k,j} := \bar{x}_{k|k-1,j} + \boldsymbol{e}_{k|k-1,j}^{\mathsf{T}} \boldsymbol{\beta}_{k|k,j}$

13:    $\mathbf{T}_{k,j} := \mathbf{U}_{k,j} (\mathbf{I}_N + \mathbf{\Lambda}_{k,j})^{-\frac{1}{2}} \mathbf{U}_{k,j}^{\mathsf{T}}$

14:    $\boldsymbol{e}_{k|k,j}^{\mathsf{T}} := \boldsymbol{e}_{k|k-1,j}^{\mathsf{T}} \mathbf{T}_{k,j}$

15: **end for**

16: $\boldsymbol{e}_{k|k,1}^{\mathsf{T}}, \ldots, \boldsymbol{e}_{k|k,m}^{\mathsf{T}}$ をまとめた以下の行列を定義する：

$$\mathbf{X}_{k|k} := \begin{pmatrix} \boldsymbol{e}_{k|k,1}^{\mathsf{T}} \\ \vdots \\ \boldsymbol{e}_{k|k,m}^{\mathsf{T}} \end{pmatrix} \tag{6.69}$$

17: $\left(\delta\boldsymbol{x}_{k|k}^{(1)} \quad \cdots \quad \delta\boldsymbol{x}_{k|k}^{(N)} \right) := \sqrt{N} \mathbf{X}_{k|k}$ とおく.

18: **for** $i := 1, \ldots, N$ **do**

19:    $\boldsymbol{x}_{k|k}^{(i)} := \bar{\boldsymbol{x}}_{k|k} + \delta\boldsymbol{x}_{k|k}^{(i)}$

20: **end for**

第 7 章

アジョイント法

7.1 4次元変分法

第4章から第6章までで逐次データ同化の手法について議論してきたが，本章からは **4次元変分法** (4-dimensional variational method; 4DVar) と呼ばれるアプローチを紹介する．4次元変分法の「4次元」とは，シミュレーションの解を現実の3次元空間に時間軸を加えた4次元空間上の関数と見なして，最適な解を求めるという意味である．4次元変分法では，ある一定の期間に得られた観測データをすべて使い，様々な時刻，場所で得られた観測データと整合するようにシステムの時間発展を推定する．確率分布の形で書くと，時刻 t_1 から t_K までに得られた観測 $\boldsymbol{y}_{1:K} = \{\boldsymbol{y}_1, \ldots, \boldsymbol{y}_K\}$ が与えられた下で，t_0 から t_K の状態 $\boldsymbol{x}_{0:K} = \{\boldsymbol{x}_0, \ldots, \boldsymbol{x}_K\}$ に関する事後確率分布 $p(\boldsymbol{x}_{0:K}|\boldsymbol{y}_{1:K})$ を考えることになる．これを分解すると，

$$
\begin{aligned}
&p(\boldsymbol{x}_{0:K}|\boldsymbol{y}_{1:K}) \\
&= \frac{p(\boldsymbol{y}_K|\boldsymbol{x}_{0:K}, \boldsymbol{y}_{1:K-1}) \, p(\boldsymbol{x}_{0:K}|\boldsymbol{y}_{1:K-1})}{p(\boldsymbol{y}_K|\boldsymbol{y}_{1:K-1})} \\
&= \frac{p(\boldsymbol{y}_K|\boldsymbol{x}_{0:K}, \boldsymbol{y}_{1:K-1}) \, p(\boldsymbol{x}_K|\boldsymbol{x}_{0:K-1}, \boldsymbol{y}_{1:K-1}) \, p(\boldsymbol{x}_{0:K-1}|\boldsymbol{y}_{1:K-1})}{p(\boldsymbol{y}_K|\boldsymbol{y}_{1:K-1})}.
\end{aligned}
\tag{7.1}
$$

ここで，状態空間モデル

$$\boldsymbol{x}_k = \boldsymbol{f}(\boldsymbol{x}_{k-1}) + \boldsymbol{v}_k, \tag{7.2}$$

$$\boldsymbol{y}_k = \boldsymbol{h}_k(\boldsymbol{x}_k) + \boldsymbol{w}_k \tag{7.3}$$

を考える．4 次元変分法では，観測が非線型であっても問題はないので，ここでは式 (1.6) の非線型観測モデルを用いている．式 (7.3) で $\boldsymbol{w}_k$ が過去の観測 $\boldsymbol{y}_{1:k-1}$ や過去の状態 $\boldsymbol{x}_{0:k-1}$ と独立であれば，

$$p(\boldsymbol{y}_k|\boldsymbol{x}_{0:k}, \boldsymbol{y}_{1:k-1}) = p(\boldsymbol{y}_k|\boldsymbol{x}_k) \tag{7.4}$$

が言える（式 (4.7) 参照）．また，式 (7.2) で $\boldsymbol{v}_k$ が過去の観測 $\boldsymbol{y}_{1:k-1}$ や過去の状態 $\boldsymbol{x}_{0:k-2}$ と独立であれば，

$$p(\boldsymbol{x}_k|\boldsymbol{x}_{0:k-1}, \boldsymbol{y}_{1:k-1}) = p(\boldsymbol{x}_k|\boldsymbol{x}_{k-1}) \tag{7.5}$$

となる．したがって，式 (7.1) は，

$$p(\boldsymbol{x}_{0:K}|\boldsymbol{y}_{1:K}) = \frac{p(\boldsymbol{y}_K|\boldsymbol{x}_K)\,p(\boldsymbol{x}_K|\boldsymbol{x}_{K-1})\,p(\boldsymbol{x}_{0:K-1}|\boldsymbol{y}_{1:K-1})}{p(\boldsymbol{y}_K|\boldsymbol{y}_{1:K-1})} \tag{7.6}$$

と書き換えられる．これを再帰的に適用すると，

$$
\begin{aligned}
&p(\boldsymbol{x}_{0:K}|\boldsymbol{y}_{1:K}) \\
&= \frac{p(\boldsymbol{y}_K|\boldsymbol{x}_K)\,p(\boldsymbol{x}_K|\boldsymbol{x}_{K-1})}{p(\boldsymbol{y}_K|\boldsymbol{y}_{1:K-1})} \\
&\quad \times \frac{p(\boldsymbol{y}_{K-1}|\boldsymbol{x}_{K-1})\,p(\boldsymbol{x}_{K-1}|\boldsymbol{x}_{K-2})\,p(\boldsymbol{x}_{0:K-2}|\boldsymbol{y}_{1:K-2})}{p(\boldsymbol{y}_{K-1}|\boldsymbol{y}_{1:K-2})} \\
&= \cdots \\
&= p(\boldsymbol{x}_0) \prod_{k=1}^{K} \frac{p(\boldsymbol{y}_k|\boldsymbol{x}_k)\,p(\boldsymbol{x}_k|\boldsymbol{x}_{k-1})}{p(\boldsymbol{y}_k|\boldsymbol{y}_{1:k-1})}.
\end{aligned}
\tag{7.7}
$$

式 (7.2), (7.3) で，$\boldsymbol{v}_k, \boldsymbol{w}_k$ がそれぞれ正規分布 $\mathcal{N}(\boldsymbol{0}, \mathbf{Q}_k)$, $\mathcal{N}(\boldsymbol{0}, \mathbf{R}_k)$ に従うとすると，

$$p(\boldsymbol{x}_k|\boldsymbol{x}_{k-1}) \propto \exp\left[-\frac{1}{2}\left(\boldsymbol{x}_k - \boldsymbol{f}(\boldsymbol{x}_{k-1})\right)^{\mathsf{T}} \mathbf{Q}_k^{-1} \left(\boldsymbol{x}_k - \boldsymbol{f}(\boldsymbol{x}_{k-1})\right)\right], \tag{7.8}$$

$$p(\boldsymbol{y}_k|\boldsymbol{x}_k) \propto \exp\left[-\frac{1}{2}\left(\boldsymbol{y}_k - \boldsymbol{h}_k(\boldsymbol{x}_k)\right)^{\mathsf{T}} \mathbf{R}_k^{-1} \left(\boldsymbol{y}_k - \boldsymbol{h}_k(\boldsymbol{x}_k)\right)\right]. \tag{7.9}$$

120   第 7 章 アジョイント法

$\boldsymbol{x}_0$ の事前分布 $p(\boldsymbol{x}_0)$ についても正規分布を仮定し,

$$p(\boldsymbol{x}_0) \propto \exp\left[-\frac{1}{2}\left(\boldsymbol{x}_0 - \bar{\boldsymbol{x}}_b\right)^\mathsf{T} \mathbf{P}_b^{-1}\left(\boldsymbol{x}_0 - \bar{\boldsymbol{x}}_b\right)\right] \tag{7.10}$$

とすると, $\boldsymbol{x}_{0:K}$ の事後分布は

$$\begin{aligned}
p(\boldsymbol{x}_{0:K}|\boldsymbol{y}_{1:K}) \propto \exp\Bigg[&-\frac{1}{2}\left(\boldsymbol{x}_0 - \bar{\boldsymbol{x}}_b\right)^\mathsf{T} \mathbf{P}_b^{-1}\left(\boldsymbol{x}_0 - \bar{\boldsymbol{x}}_b\right) \\
&-\frac{1}{2}\sum_{k=1}^{K}\left(\boldsymbol{y}_k - \boldsymbol{h}_k(\boldsymbol{x}_k)\right)^\mathsf{T} \mathbf{R}_k^{-1}\left(\boldsymbol{y}_k - \boldsymbol{h}_k(\boldsymbol{x}_k)\right) \\
&-\frac{1}{2}\sum_{k=1}^{K}\left(\boldsymbol{x}_k - \boldsymbol{f}(\boldsymbol{x}_{k-1})\right)^\mathsf{T} \mathbf{Q}_k^{-1}\left(\boldsymbol{x}_k - \boldsymbol{f}(\boldsymbol{x}_{k-1})\right)\Bigg]
\end{aligned}$$
$$\tag{7.11}$$

を満たす. 式 (7.11) の指数部分に -1 を掛けたものを $J(\boldsymbol{x}_0)$ とおくと,

$$\begin{aligned}
J(\boldsymbol{x}_0) = &\frac{1}{2}\left(\boldsymbol{x}_0 - \bar{\boldsymbol{x}}_b\right)^\mathsf{T} \mathbf{P}_b^{-1}\left(\boldsymbol{x}_0 - \bar{\boldsymbol{x}}_b\right) \\
&+\frac{1}{2}\sum_{k=1}^{K}\left(\boldsymbol{y}_k - \boldsymbol{h}_k(\boldsymbol{x}_k)\right)^\mathsf{T} \mathbf{R}_k^{-1}\left(\boldsymbol{y}_k - \boldsymbol{h}_k(\boldsymbol{x}_k)\right) \\
&+\frac{1}{2}\sum_{k=1}^{K}\left(\boldsymbol{x}_k - \boldsymbol{f}(\boldsymbol{x}_{k-1})\right)^\mathsf{T} \mathbf{Q}_k^{-1}\left(\boldsymbol{x}_k - \boldsymbol{f}(\boldsymbol{x}_{k-1})\right)
\end{aligned} \tag{7.12}$$

となる. 4 次元変分法では, 基本的にこの J を最小化することで, 事後確率密度 $p(\boldsymbol{x}_{0:K}|\boldsymbol{y}_{1:K})$ を最大化する $\boldsymbol{x}_{0:K}$ を求める[1].

ただし, 実際の応用では式 (7.2) のシステムノイズ $\boldsymbol{v}_k$ を $\mathbf{0}$ とし,

$$\boldsymbol{x}_k = \boldsymbol{f}(\boldsymbol{x}_{k-1}), \quad (k=1,\ldots,K) \tag{7.13}$$

が成り立つという条件を課して推定を行うことが多い. この場合, 式

---

[1] 本来, 目的関数 J が汎関数のものを変分法というが, データ同化の手法としては, このような目的関数の最小化を行うものも変分法と呼ぶ. もっとも, 気象分野などで扱われる流体のシミュレーションモデルの場合, $\boldsymbol{x}_{0:K}$ は時間と空間の関数を離散化した結果, 有限次元のベクトルになったわけで, 本来 J は汎関数である. 実際, 離散化をせずに汎関数の J を導入した上でアジョイント法のアルゴリズムを導くことも可能だが, 本書の範囲を超える.

(7.12) の右辺第 3 項を **0** とおけるので,目的関数を

$$J_s(\boldsymbol{x}_0) = \frac{1}{2} \left(\boldsymbol{x}_0 - \bar{\boldsymbol{x}}_b\right)^\mathsf{T} \mathbf{P}_b^{-1} \left(\boldsymbol{x}_0 - \bar{\boldsymbol{x}}_b\right)$$
$$+ \frac{1}{2} \sum_{k=1}^{K} \left(\boldsymbol{y}_k - \boldsymbol{h}_k(\boldsymbol{x}_k)\right)^\mathsf{T} \mathbf{R}_k^{-1} \left(\boldsymbol{y}_k - \boldsymbol{h}_k(\boldsymbol{x}_k)\right) \tag{7.14}$$

として,これを最小化すればよい.式 (7.13) のような条件を課すことを**強拘束** (strong constraint) と呼ぶ.それに対して,式 (7.12) のように式 (7.13) が成り立たない解も許容することを**弱拘束** (weak constraint) と呼ぶ.弱拘束ではデータ同化を行う場合はシミュレーションモデル $\boldsymbol{f}$ 自体の持つ誤差が考慮されるのに対して,強拘束では $\boldsymbol{f}$ が正しいという仮定の下で推定を行う.強拘束の下では,初期値 $\boldsymbol{x}_0$ が与えられると,

$$\boldsymbol{x}_k = \boldsymbol{f}(\boldsymbol{x}_{k-1}) = \boldsymbol{f}(\boldsymbol{f}(\boldsymbol{x}_{k-2})) = \cdots = \boldsymbol{f}^k(\boldsymbol{x}_0) \tag{7.15}$$

のように各時刻の $\boldsymbol{x}_k$ が決まる.ただし,シミュレーションモデル $\boldsymbol{f}$ を k 回適用する関数を $\boldsymbol{f}^k$ と表記した.各時刻の $\boldsymbol{x}_k$ は $\boldsymbol{x}_0$ の関数として書けるので,$\boldsymbol{x}_0$ のみを推定すればよく,弱拘束と比較して解きやすくなる.以下でも基本的に強拘束の問題を考える.

7.2 アジョイント法

式 (7.14) の目的関数 J_s を最小化する $\boldsymbol{x}_0$ を解析的に求めるのは極めて難しい.そこで,J_s の勾配を計算し,降下法を使って最適な $\boldsymbol{x}_0$ を求めることを考える.J_s の勾配を求めるのも決して容易ではないが,広く使われている方法として**アジョイント法** (adjoint method) がある.以下では,4 次元変分法の代表的な手法であるアジョイント法を紹介する[2].

まず,拘束条件が与えられた下での J_s の勾配を計算するために,以下の性質を用いる.

---

[2] 通常,4 次元変分法という用語はここでのアジョイント法のことを指すが,本書では,目的関数 J_s に基づくアプローチ全般を 4 次元変分法と呼び,アルゴリズムとしてのアジョイント法とは用語を区別して使っている.

第7章 アジョイント法

定理 7.1

s, t をそれぞれ m 次元, p 次元の実ベクトルとする. また, s と t が満たすべき拘束条件が p 次元のベクトル値関数 g で

$$g(s, t) = 0 \tag{7.16}$$

のように与えられており, g の t に関するヤコビ行列 $\tilde{\mathbf{G}}_t = (\partial g/\partial t^\top)$ が正則であるものとする. $\psi(s, t)$ を実数値のスカラー関数, λ を p 次元の実ベクトルとして,

$$L = \psi(s, t) + \lambda^\top g(s, t) \tag{7.17}$$

のような関数 L を導入したとき, $\nabla_t L = 0$ が満たされるように λ を決めれば, 式 (7.16) の拘束条件の下での $\psi(s, t)$ の s による勾配は $\nabla_s L$ で得られる.

ただし, $\nabla_t L$, $\nabla_s L$ は, それぞれ L の t, s に関する勾配

$$\nabla_t L = \begin{pmatrix} \frac{\partial L}{\partial t_1} \\ \vdots \\ \frac{\partial L}{\partial t_p} \end{pmatrix}, \qquad \nabla_s L = \begin{pmatrix} \frac{\partial L}{\partial s_1} \\ \vdots \\ \frac{\partial L}{\partial s_m} \end{pmatrix} \tag{7.18}$$

を表す. 定理 7.1 の証明は付録 A.7 で与えている.

式 (7.13) の条件の下で x_0 に関する J_s の勾配を得るには,

$$L_s = J_s + \sum_{k=1}^{K} \lambda_k^\top (x_k - f(x_{k-1})) \tag{7.19}$$

という関数 L_s を導入する. 式 (7.19) は,

$$\lambda = \begin{pmatrix} \lambda_1 \\ \vdots \\ \lambda_K \end{pmatrix}, \qquad g(x_0, x_{1:K}) = \begin{pmatrix} x_1 - f(x_0) \\ \vdots \\ x_K - f(x_{K-1}) \end{pmatrix} \tag{7.20}$$

とおけば,

$$L_s = J_s(\boldsymbol{x}_0) + \boldsymbol{\lambda}^\mathsf{T} \boldsymbol{g}(\boldsymbol{x}_0, \boldsymbol{x}_{1:K}) \tag{7.21}$$

のように式 (7.17) の形に書き換えることができる．また，$\boldsymbol{g}$ の $\boldsymbol{x}_{1:K}$ に関するヤコビ行列は，

$$\tilde{\mathbf{G}}_{\boldsymbol{x}_{1:K}} = \begin{pmatrix} \mathbf{I} & \mathbf{O} & & & \\ -\tilde{\mathbf{F}}_{\boldsymbol{x}_1} & \mathbf{I} & \mathbf{O} & & \\ \mathbf{O} & -\tilde{\mathbf{F}}_{\boldsymbol{x}_2} & \mathbf{I} & \ddots & \\ & \ddots & \ddots & \ddots & \\ & & & -\tilde{\mathbf{F}}_{\boldsymbol{x}_{K-1}} & \mathbf{I} \end{pmatrix} \tag{7.22}$$

のようにすべての対角要素が 1 の下三角行列で，明らかに正則行列である．ただし，$\tilde{\mathbf{F}}_{\boldsymbol{x}_k}$ は関数 $\boldsymbol{f}$ の $\boldsymbol{x}_k$ におけるヤコビ行列を表す．したがって，J_s の $\boldsymbol{x}_0$ に関する勾配を求めるのに L_s を利用できる．

式 (7.19) に式 (7.14) を代入すると，

$$\begin{aligned} L_s = {} & \frac{1}{2} \left(\boldsymbol{x}_0 - \bar{\boldsymbol{x}}_b \right)^\mathsf{T} \mathbf{P}_b^{-1} \left(\boldsymbol{x}_0 - \bar{\boldsymbol{x}}_b \right) \\ & + \frac{1}{2} \sum_{k=1}^{K} \left(\boldsymbol{y}_k - \boldsymbol{h}_k(\boldsymbol{x}_k) \right)^\mathsf{T} \mathbf{R}_k^{-1} \left(\boldsymbol{y}_k - \boldsymbol{h}_k(\boldsymbol{x}_k) \right) \\ & + \sum_{k=1}^{K} \boldsymbol{\lambda}_k^\mathsf{T} \left(\boldsymbol{x}_k - \boldsymbol{f}(\boldsymbol{x}_{k-1}) \right). \end{aligned} \tag{7.23}$$

ベクトルや行列を含む関数の微分の公式（付録 A.6）を使って L_s の $\boldsymbol{x}_k$ $(k = 1, \ldots, K-1)$ についての勾配を計算すると

$$\nabla_{\boldsymbol{x}_k} L_s = -\tilde{\mathbf{H}}_{k,\boldsymbol{x}_k}^\mathsf{T} \mathbf{R}_k^{-1} \left(\boldsymbol{y}_k - \boldsymbol{h}_k(\boldsymbol{x}_k) \right) + \boldsymbol{\lambda}_k - \tilde{\mathbf{F}}_{\boldsymbol{x}_k}^\mathsf{T} \boldsymbol{\lambda}_{k+1}, \tag{7.24}$$

また，$\boldsymbol{x}_K$ についての勾配は

$$\nabla_{\boldsymbol{x}_K} L_s = -\tilde{\mathbf{H}}_{K,\boldsymbol{x}_K}^\mathsf{T} \mathbf{R}_K^{-1} \left(\boldsymbol{y}_K - \boldsymbol{h}_K(\boldsymbol{x}_K) \right) + \boldsymbol{\lambda}_K \tag{7.25}$$

となる．ただし，$\tilde{\mathbf{H}}_{k,\boldsymbol{x}_k}$ は関数 $\boldsymbol{h}_k$ の $\boldsymbol{x}_k$ におけるヤコビ行列を表している．定理 7.1 を適用するには，$\nabla_{\boldsymbol{x}_k} L_s$ が $k = 1, \ldots, K$ に対してすべて $\mathbf{0}$ となるように $\boldsymbol{\lambda}_1, \ldots, \boldsymbol{\lambda}_K$ を決めればよい．$k = 1, \ldots, K-1$ について

$\nabla_{\boldsymbol{x}_k} L_s = \mathbf{0}$ とすると,

$$\boldsymbol{\lambda}_k = \tilde{\mathbf{H}}_{k,\boldsymbol{x}_k}^\mathsf{T} \mathbf{R}_k^{-1} \left(\boldsymbol{y}_k - \boldsymbol{h}_k(\boldsymbol{x}_k) \right) + \tilde{\mathbf{F}}_{\boldsymbol{x}_k}^\mathsf{T} \boldsymbol{\lambda}_{k+1}, \tag{7.26}$$

また, $\nabla_{\boldsymbol{x}_K} L_s = \mathbf{0}$ とすると,

$$\boldsymbol{\lambda}_K = \tilde{\mathbf{H}}_{K,\boldsymbol{x}_K}^\mathsf{T} \mathbf{R}_K^{-1} \left(\boldsymbol{y}_K - \boldsymbol{h}_K(\boldsymbol{x}_K) \right) \tag{7.27}$$

となる. これらをすべて満たす $\boldsymbol{\lambda}_1, \ldots, \boldsymbol{\lambda}_K$ を得るには, まず与えられた $\boldsymbol{x}_0$ に対し, 式 (7.13) を $k = 1, \ldots, K$ について再帰的に適用し, $\boldsymbol{x}_1, \ldots, \boldsymbol{x}_K$ を求める. 次に, 式 (7.27) から $\boldsymbol{\lambda}_K$ を求め, さらに式 (7.26) を $k = K-1, \ldots, 1$ の順に再帰的に適用すれば, 条件を満たす $\boldsymbol{\lambda}_K, \ldots, \boldsymbol{\lambda}_1$ が得られる. すると,

$$\nabla_{\boldsymbol{x}_0} L_s = \mathbf{P}_b^{-1} \left(\boldsymbol{x}_0 - \bar{\boldsymbol{x}}_b \right) - \tilde{\mathbf{F}}_{\boldsymbol{x}_0}^\mathsf{T} \boldsymbol{\lambda}_1 \tag{7.28}$$

は, 今得られた $\boldsymbol{\lambda}_1$ を使えば求められる. そして, 定理 7.1 より, これが J_s の $\boldsymbol{x}_0$ による勾配に一致し,

$$\nabla_{\boldsymbol{x}_0} J_s = \mathbf{P}_b^{-1} \left(\boldsymbol{x}_0 - \bar{\boldsymbol{x}}_b \right) - \tilde{\mathbf{F}}_{\boldsymbol{x}_0}^\mathsf{T} \boldsymbol{\lambda}_1 \tag{7.29}$$

となる. $\nabla_{\boldsymbol{x}_0} J_s$ が得られれば, 最急降下法や準ニュートン法などの降下法を用いて J_s を最小化する $\boldsymbol{x}_0$ を求めることができる[3]. 最適な初期値 $\boldsymbol{x}_0$ の値を求めるのがアジョイント法である. 例えば, **最急降下法**を採用した場合のアジョイント法のアルゴリズムをまとめると, アルゴリズム 7 のようになる. ただし, ε は最急降下法のステップ幅 ($\varepsilon > 0$) で, 実際に使う際には ε の調整が必要である.

---

[3]降下法については [28] など多数の本が出ているので, それらを参考にされたい.

アルゴリズム 7 アジョイント法

1: $\boldsymbol{x}_0$ に関する初期推定値 $\hat{\boldsymbol{x}}_0$ を設定する

2: **while** unconverged **do**

3:     **for** $k = 1, \ldots, K$ **do**   ▷ k は時間ステップ

4:         $\hat{\boldsymbol{x}}_k := \boldsymbol{f}(\hat{\boldsymbol{x}}_{k-1})$

5:     **end for**

6:     $\boldsymbol{\lambda}_K := \tilde{\mathbf{H}}_{K,\hat{\boldsymbol{x}}_K}^{\mathsf{T}} \mathbf{R}_K^{-1} \left(\boldsymbol{y}_K - \boldsymbol{h}_K(\hat{\boldsymbol{x}}_K) \right)$

7:     **for** $k = K - 1, \ldots, 1$ **do**

8:         $\boldsymbol{\lambda}_k := \tilde{\mathbf{H}}_{k,\hat{\boldsymbol{x}}_k}^{\mathsf{T}} \mathbf{R}_k^{-1} \left(\boldsymbol{y}_k - \boldsymbol{h}_k(\hat{\boldsymbol{x}}_k) \right) + \tilde{\mathbf{F}}_{\hat{\boldsymbol{x}}_k}^{\mathsf{T}} \boldsymbol{\lambda}_{k+1}$

9:     **end for**

10:    $\nabla_{\hat{\boldsymbol{x}}_0} J_s := \mathbf{P}_b^{-1} \left(\hat{\boldsymbol{x}}_0 - \bar{\boldsymbol{x}}_b \right) - \tilde{\mathbf{F}}_{\hat{\boldsymbol{x}}_0}^{\mathsf{T}} \boldsymbol{\lambda}_1$

11:    $\hat{\boldsymbol{x}}_0 := \hat{\boldsymbol{x}}_0 - \varepsilon \nabla_{\hat{\boldsymbol{x}}_0} J_s$

12: **end while**

7.3 アジョイント法の特徴

上述のように，アジョイント法では，まず初期値 $\hat{\boldsymbol{x}}_0$ から通常のシミュレーションを実行して $\hat{\boldsymbol{x}}_1, \ldots, \hat{\boldsymbol{x}}_K$ を得る．次に，時間を後ろ向きにさかのぼって $\boldsymbol{\lambda}_K, \ldots, \boldsymbol{\lambda}_1$ を計算し，得られた $\boldsymbol{\lambda}_1$ から $\nabla_{\hat{\boldsymbol{x}}_0} J_s$ を求める．後ろ向きの計算に掛かる計算コストは，通常のシミュレーション計算とほぼ同じになるため，1 回 J_s の勾配を求めるのに必要な計算コストは，2 回シミュレーションを実行するのと同程度である．降下法で解の探索を行うため，J_s の勾配の計算を何回か繰り返す必要があるが，アンサンブルカルマンフィルタと比較すると少ない計算量で高い精度が得られることが多い．

しかし，アジョイント法を用いる場合，ヤコビ行列 $\mathbf{F}_{\boldsymbol{x}_k}$ の転置行列 $\mathbf{F}_{\boldsymbol{x}_k}^{\mathsf{T}}$ に相当するプログラムを用意する必要がある．$\mathbf{F}_{\boldsymbol{x}_k}$ に相当するプログラムを**接線型モデル** (tangent linear model)，$\mathbf{F}_{\boldsymbol{x}_k}^{\mathsf{T}}$ に相当するプログラムを**アジョイントモデル** (adjoint model) と呼ぶが，大規模なシミュレー

ションモデルで，接線型モデルやアジョイントモデルを作成するのは大き
な手間になる．また，元のシミュレーションモデルを修正した場合には，
アジョイントモデルも一緒に修正する必要があり，モデルの維持・管理の
手間が掛かるという問題もある．

　また，アジョイント法では降下法で解を探索するため，局所解に陥って
適切な解が見つからない可能性もある．特に，非線型のシミュレーション
モデルに長期間のデータを同化しようとすると，目的関数 J_s の形状が複
雑になり，極小値が複数現れて適切な解を見つけにくくなる．実際にアジ
ョイント法を含む4次元変分法を適用する際には，目的関数 J_s の形状が
複雑になるのを避ける意味もあり，システムの非線型性の影響が大きくな
らない程度の期間に区切って推定を行うことが多い．この点については，
このあと7.6節でも触れる．

　なお，アジョイント法の手続きは，人工ニューラルネットワークの学習
に使われる**誤差逆伝播法** (backpropagation) と基本的に同じものである．
ニューラルネットワークの場合，シミュレーションモデル $\boldsymbol{f}$ に相当する
モデルが単純な関数で構成されており，一般のデータ同化の問題と比べる
と $\mathbf{F}_{\boldsymbol{x}_k}^{\mathsf{T}}$ の導出が容易なので，このアルゴリズムが適用しやすい．

7.4　アジョイント法（弱拘束の場合）

　ここで，式 (7.12) の弱拘束の場合についても確認しておく．この場合，
$\boldsymbol{x}_0$ が与えられても，$\boldsymbol{x}_1, \ldots, \boldsymbol{x}_K$ の値は決まらない．しかし，式 (7.2) の
システムモデルから $\boldsymbol{x}_0$ に加えて $\boldsymbol{v}_1, \ldots, \boldsymbol{v}_K$ が与えられれば，$\boldsymbol{x}_1, \ldots,$
$\boldsymbol{x}_K$ も決まるので，$\boldsymbol{x}_0$ と $\boldsymbol{v}_1, \ldots, \boldsymbol{v}_K$ をすべて推定すればよい．$\boldsymbol{v}_1, \ldots,$
$\boldsymbol{v}_K$ を用いると，式 (7.12) は

$$
J = \frac{1}{2} \left(\boldsymbol{x}_0 - \bar{\boldsymbol{x}}_b\right)^{\mathsf{T}} \mathbf{P}_b^{-1} \left(\boldsymbol{x}_0 - \bar{\boldsymbol{x}}_b\right)
$$

$$
+ \frac{1}{2} \sum_{k=1}^{K} \left(\boldsymbol{y}_k - \boldsymbol{h}_k(\boldsymbol{x}_k)\right)^{\mathsf{T}} \mathbf{R}_k^{-1} \left(\boldsymbol{y}_k - \boldsymbol{h}_k(\boldsymbol{x}_k)\right) + \frac{1}{2} \sum_{k=1}^{K} \boldsymbol{v}_k^{\mathsf{T}} \mathbf{Q}_k^{-1} \boldsymbol{v}_k
$$

$$
(7.30)
$$

7.4 アジョイント法（弱拘束の場合）

と書き直せる．拘束条件は，式 (7.2) から与えればよいので，

$$
\begin{aligned}
L_w &= J + \sum_{k=1}^{K} \boldsymbol{\lambda}_k^\mathsf{T} \left(\boldsymbol{x}_k - \boldsymbol{f}(\boldsymbol{x}_{k-1}) - \boldsymbol{v}_k \right) \\
&= \frac{1}{2} \left(\boldsymbol{x}_0 - \bar{\boldsymbol{x}}_b \right)^\mathsf{T} \mathbf{P}_b^{-1} \left(\boldsymbol{x}_0 - \bar{\boldsymbol{x}}_b \right) \\
&\quad + \frac{1}{2} \sum_{k=1}^{K} \left(\boldsymbol{y}_k - \boldsymbol{h}_k(\boldsymbol{x}_k) \right)^\mathsf{T} \mathbf{R}_k^{-1} \left(\boldsymbol{y}_k - \boldsymbol{h}_k(\boldsymbol{x}_k) \right) + \frac{1}{2} \sum_{k=1}^{K} \boldsymbol{v}_k^\mathsf{T} \mathbf{Q}_k^{-1} \boldsymbol{v}_k \\
&\quad + \sum_{k=1}^{K} \boldsymbol{\lambda}_k^\mathsf{T} \left(\boldsymbol{x}_k - \boldsymbol{f}(\boldsymbol{x}_{k-1}) - \boldsymbol{v}_k \right)
\end{aligned}
\tag{7.31}
$$

を考える．この式は，$\boldsymbol{v}_k$ を含む項を除けば，式 (7.19) の強拘束の場合と同じなので，L_w の $\boldsymbol{x}_0$ および $\boldsymbol{x}_1, \ldots, \boldsymbol{x}_K$ についての勾配は，L_s の勾配と同じ形になる．L_w の $\boldsymbol{x}_1, \ldots, \boldsymbol{x}_K$ に関する勾配を $\boldsymbol{0}$ とすると，$k = 1$, $\ldots, K-1$ に対して，

$$
\boldsymbol{\lambda}_k = \tilde{\mathbf{H}}_{k,\boldsymbol{x}_k}^\mathsf{T} \mathbf{R}_k^{-1} \left(\boldsymbol{y}_k - \boldsymbol{h}_k(\boldsymbol{x}_k) \right) + \tilde{\mathbf{F}}_{\boldsymbol{x}_k}^\mathsf{T} \boldsymbol{\lambda}_{k+1},
\tag{7.32}
$$

また，

$$
\boldsymbol{\lambda}_K = \tilde{\mathbf{H}}_{K,\boldsymbol{x}_K}^\mathsf{T} \mathbf{R}_K^{-1} \left(\boldsymbol{y}_K - \boldsymbol{h}_K(\boldsymbol{x}_K) \right).
\tag{7.33}
$$

これらをすべて満たす $\boldsymbol{\lambda}_1, \ldots, \boldsymbol{\lambda}_K$ を求めるには，まず $\boldsymbol{x}_0, \boldsymbol{v}_1, \ldots, \boldsymbol{v}_K$ について仮の値を与えておく．そうすると，式 (7.2) から $\boldsymbol{x}_1, \ldots, \boldsymbol{x}_K$ が得られるので，あとは強拘束のときと同様に式 (7.33) から $\boldsymbol{\lambda}_K$ を求め，式 (7.32) を $k = K-1, \ldots, 1$ の順に再帰的に適用すれば，$\boldsymbol{\lambda}_{K-1}, \ldots, \boldsymbol{\lambda}_1$ が得られる．L_w の $\boldsymbol{x}_0$ に関する勾配は

$$
\nabla_{\boldsymbol{x}_0} L_w = \mathbf{P}_b^{-1} \left(\boldsymbol{x}_0 - \bar{\boldsymbol{x}}_b \right) - \tilde{\mathbf{F}}_{\boldsymbol{x}_k}^\mathsf{T} \boldsymbol{\lambda}_1
\tag{7.34}
$$

で，これが J の $\boldsymbol{x}_0$ による勾配となるので，

$$
\nabla_{\boldsymbol{x}_0} J = \mathbf{P}_b^{-1} \left(\boldsymbol{x}_0 - \bar{\boldsymbol{x}}_b \right) - \tilde{\mathbf{F}}_{\boldsymbol{x}_k}^\mathsf{T} \boldsymbol{\lambda}_1.
\tag{7.35}
$$

ただ，強拘束の場合との違いは，$\boldsymbol{v}_1, \ldots, \boldsymbol{v}_K$ も同時に推定する必要があるという点である．L_w の $\boldsymbol{v}_1, \ldots, \boldsymbol{v}_K$ に関する勾配を取ると

$$\nabla_{\boldsymbol{v}_k} L_w = \mathbf{Q}_k^{-1} \boldsymbol{v}_k - \boldsymbol{\lambda}_k, \quad (k = 1, \ldots, K). \tag{7.36}$$

したがって，J の $\boldsymbol{v}_k$ による勾配は，

$$\nabla_{\boldsymbol{v}_k} J = \mathbf{Q}_k^{-1} \boldsymbol{v}_k - \boldsymbol{\lambda}_k, \quad (k = 1, \ldots, K) \tag{7.37}$$

となる．なお，$\boldsymbol{v}_1, \ldots, \boldsymbol{v}_K$ をすべて推定するのは大変なので，実際には $\boldsymbol{v}_1 = \cdots = \boldsymbol{v}_K$ を仮定して解くことも多い．

7.5 アジョイント法のもう 1 つの導出

7.2 節では，シミュレーションモデルによって与えられた拘束条件の下で目的関数の勾配を求めたが，アジョイント法のアルゴリズムは，そのまま目的関数の微分を取って導出することもできる．再び強拘束の問題に戻り，目的関数を明示的に $\boldsymbol{x}_0$ の関数の形で書くために式 (7.14) に式 (7.15) を代入すると，

$$\begin{aligned}
J_s = &\frac{1}{2} \left(\boldsymbol{x}_0 - \bar{\boldsymbol{x}}_b\right)^{\mathsf{T}} \mathbf{P}_b^{-1} \left(\boldsymbol{x}_0 - \bar{\boldsymbol{x}}_b\right) \\
&+ \frac{1}{2} \sum_{k=1}^{K} \left(\boldsymbol{y}_k - \boldsymbol{h}_k(\boldsymbol{f}^k(\boldsymbol{x}_0))\right)^{\mathsf{T}} \mathbf{R}_k^{-1} \left(\boldsymbol{y}_k - \boldsymbol{h}_k(\boldsymbol{f}^k(\boldsymbol{x}_0))\right).
\end{aligned} \tag{7.38}$$

ここで関数 $\boldsymbol{g}_k$ を

$$\boldsymbol{g}_k(\boldsymbol{x}_0) = \boldsymbol{h}_k(\boldsymbol{f}^k(\boldsymbol{x}_0)) \tag{7.39}$$

と定義すると，

$$\begin{aligned}
J_s = &\frac{1}{2} \left(\boldsymbol{x}_0 - \bar{\boldsymbol{x}}_b\right)^{\mathsf{T}} \mathbf{P}_b^{-1} \left(\boldsymbol{x}_0 - \bar{\boldsymbol{x}}_b\right) \\
&+ \frac{1}{2} \sum_{k=1}^{K} \left(\boldsymbol{y}_k - \boldsymbol{g}_k(\boldsymbol{x}_0)\right)^{\mathsf{T}} \mathbf{R}_k^{-1} \left(\boldsymbol{y}_k - \boldsymbol{g}_k(\boldsymbol{x}_0)\right)
\end{aligned} \tag{7.40}$$

と書ける．J_s の勾配を取ると，

$$\nabla_{\boldsymbol{x}_0} J_s = \mathbf{P}_b^{-1} \left(\boldsymbol{x}_0 - \bar{\boldsymbol{x}}_b \right) - \sum_{k=1}^{K} \tilde{\mathbf{G}}_{k,\boldsymbol{x}_0}^{\mathsf{T}} \mathbf{R}_k^{-1} \left(\boldsymbol{y}_k - \boldsymbol{g}_k(\boldsymbol{x}_0) \right). \qquad (7.41)$$

ここで，$\tilde{\mathbf{G}}_{k,\boldsymbol{x}_0}$ は，関数 $\boldsymbol{g}_k$ の $\boldsymbol{x}_0$ におけるヤコビ行列である．式 (7.39) から，関数 $\boldsymbol{g}_k$ は，

$$\begin{aligned} \boldsymbol{g}_k(\boldsymbol{x}_0) &= \boldsymbol{h}_k(\boldsymbol{f}(\cdots \boldsymbol{f}(\boldsymbol{x}_0) \cdots)) \\ &= \boldsymbol{h}_k \circ \boldsymbol{f} \circ \cdots \circ \boldsymbol{f}(\boldsymbol{x}_0) \end{aligned} \qquad (7.42)$$

のように関数 $\boldsymbol{h}_k$ と k 個の関数 $\boldsymbol{f}$ の合成関数となっている．ただし，$\circ$ は合成関数を表している．2つのベクトル値関数 $\boldsymbol{h}$ と $\boldsymbol{f}$ の合成関数 $\boldsymbol{h} \circ \boldsymbol{f}$ を考えたとき，その $\boldsymbol{x} = \boldsymbol{x}_0$ におけるヤコビ行列は，$\boldsymbol{h}$ の $\boldsymbol{x} = \boldsymbol{f}(\boldsymbol{x}_0)$ におけるヤコビ行列 $\tilde{\mathbf{H}}_{\boldsymbol{f}(\boldsymbol{x}_0)}$ と $\boldsymbol{f}$ の $\boldsymbol{x}_0$ におけるヤコビ行列 $\tilde{\mathbf{F}}_{\boldsymbol{x}_0}$ の積 $\tilde{\mathbf{H}}_{\boldsymbol{f}(\boldsymbol{x}_0)}\tilde{\mathbf{F}}_{\boldsymbol{x}_0}$ となる（付録 A.6.3 参照）．これを使って $\boldsymbol{g}_k$ のヤコビ行列 $\tilde{\mathbf{G}}_{k,\boldsymbol{x}_0}$ を求めると，

$$\tilde{\mathbf{G}}_{k,\boldsymbol{x}_0} = \tilde{\mathbf{H}}_{\boldsymbol{x}_k} \tilde{\mathbf{F}}_{\boldsymbol{x}_{k-1}} \tilde{\mathbf{F}}_{\boldsymbol{x}_{k-2}} \cdots \tilde{\mathbf{F}}_{\boldsymbol{x}_0} \qquad (7.43)$$

のようにヤコビ行列の積で書ける．これを式 (7.41) に代入すると，

$$\nabla_{\boldsymbol{x}_0} J_s = \mathbf{P}_b^{-1} \left(\boldsymbol{x}_0 - \bar{\boldsymbol{x}}_b \right) - \sum_{k=1}^{K} \tilde{\mathbf{F}}_{\boldsymbol{x}_0}^{\mathsf{T}} \cdots \tilde{\mathbf{F}}_{\boldsymbol{x}_{k-1}}^{\mathsf{T}} \tilde{\mathbf{H}}_{\boldsymbol{x}_k}^{\mathsf{T}} \mathbf{R}_k^{-1} \left(\boldsymbol{y}_k - \boldsymbol{g}_k(\boldsymbol{x}_0) \right).$$

$$(7.44)$$

これで，J_s の勾配は求まるが，この式のまま計算するよりも，$\tilde{\mathbf{F}}^{\mathsf{T}}$ の乗算を整理した方が効率的に計算できる．式 (7.44) の右辺第 2 項の和について $k = k'$ 以降の部分を取り出してみると，

$$\sum_{k=k'}^{K} \tilde{\mathbf{F}}_{\boldsymbol{x}_0}^\mathsf{T} \cdots \tilde{\mathbf{F}}_{\boldsymbol{x}_{k-1}}^\mathsf{T} \tilde{\mathbf{H}}_{\boldsymbol{x}_k}^\mathsf{T} \mathbf{R}_k^{-1} \left(\boldsymbol{y}_k - \boldsymbol{g}_k(\boldsymbol{x}_0) \right)$$

$$= \tilde{\mathbf{F}}_{\boldsymbol{x}_0}^\mathsf{T} \cdots \tilde{\mathbf{F}}_{\boldsymbol{x}_{k'-1}}^\mathsf{T} \left[\tilde{\mathbf{H}}_{\boldsymbol{x}_{k'}}^\mathsf{T} \mathbf{R}_{k'}^{-1} \left(\boldsymbol{y}_{k'} - \boldsymbol{g}_{k'}(\boldsymbol{x}_0) \right) \right. \tag{7.45}$$

$$\left. + \sum_{k=k'+1}^{K} \tilde{\mathbf{F}}_{\boldsymbol{x}_{k'}}^\mathsf{T} \cdots \tilde{\mathbf{F}}_{\boldsymbol{x}_{k-1}}^\mathsf{T} \tilde{\mathbf{H}}_{\boldsymbol{x}_k}^\mathsf{T} \mathbf{R}_k^{-1} \left(\boldsymbol{y}_k - \boldsymbol{g}_k(\boldsymbol{x}_0) \right) \right].$$

ここで，$k' = 1, \ldots, K$ に対してベクトル $\boldsymbol{\lambda}_{k'}$ を

$$\boldsymbol{\lambda}_{k'} = \left[\tilde{\mathbf{H}}_{\boldsymbol{x}_{k'}}^\mathsf{T} \mathbf{R}_{k'}^{-1} \left(\boldsymbol{y}_{k'} - \boldsymbol{g}_{k'}(\boldsymbol{x}_0) \right) \right.$$

$$\left. + \sum_{k=k'+1}^{K} \tilde{\mathbf{F}}_{\boldsymbol{x}_{k'}}^\mathsf{T} \cdots \tilde{\mathbf{F}}_{\boldsymbol{x}_{k-1}}^\mathsf{T} \tilde{\mathbf{H}}_{\boldsymbol{x}_k}^\mathsf{T} \mathbf{R}_k^{-1} \left(\boldsymbol{y}_k - \boldsymbol{g}_k(\boldsymbol{x}_0) \right) \right] \tag{7.46}$$

のように定義する．これを変形すると

$$\boldsymbol{\lambda}_{k'} = \tilde{\mathbf{H}}_{\boldsymbol{x}_k'}^\mathsf{T} \mathbf{R}_{k'}^{-1} \left(\boldsymbol{y}_{k'} - \boldsymbol{g}_{k'}(\boldsymbol{x}_0) \right)$$

$$+ \tilde{\mathbf{F}}_{\boldsymbol{x}_{k'}} \left[\tilde{\mathbf{H}}_{\boldsymbol{x}_{k'+1}}^\mathsf{T} \mathbf{R}_{k'+1}^{-1} \left(\boldsymbol{y}_{k'+1} - \boldsymbol{g}_{k'+1}(\boldsymbol{x}_0) \right) \right.$$

$$\left. + \sum_{k=k'+2}^{K} \tilde{\mathbf{F}}_{\boldsymbol{x}_{k'+1}}^\mathsf{T} \cdots \tilde{\mathbf{F}}_{\boldsymbol{x}_{k-1}}^\mathsf{T} \tilde{\mathbf{H}}_{\boldsymbol{x}_k}^\mathsf{T} \mathbf{R}_k^{-1} \left(\boldsymbol{y}_k - \boldsymbol{g}_k(\boldsymbol{x}_0) \right) \right]$$

$$= \tilde{\mathbf{H}}_{\boldsymbol{x}_k'}^\mathsf{T} \mathbf{R}_{k'}^{-1} \left(\boldsymbol{y}_{k'} - \boldsymbol{g}_{k'}(\boldsymbol{x}_0) \right) + \tilde{\mathbf{F}}_{\boldsymbol{x}_{k'}} \boldsymbol{\lambda}_{k'+1}$$

$$\tag{7.47}$$

となる．さらに $\boldsymbol{g}_{k'}(\boldsymbol{x}_0)$ を $\boldsymbol{h}_{k'}(\boldsymbol{x}_{k'})$ に置き換えれば，式 (7.26) と同じ漸化式となり，アジョイント法のアルゴリズムが得られる．

7.6　アジョイント法の適用例

例として，4.7 節でも取り上げた単振り子の方程式

$$\frac{d^2\phi}{dt^2} = -\alpha^2 \sin\phi \tag{7.48}$$

7.6 アジョイント法の適用例

を考え，アジョイント法を適用する方法を示す．4.7節と同様に，式 (7.48) の方程式を解くシミュレーションモデルには，式 (4.48)-(4.51) のホイン法によるモデルを用いる．式 (7.48) のパラメータは $\alpha = 5\pi/3$ で既知とし，シミュレーションモデルの時間ステップ幅は $\Delta t = 0.02$ とする．真の初期値（$t = 0$ における真の状態）が $\phi = 2\pi/5, \dot{\phi} = 0$ であったと仮定し，そこからホイン法のモデルで計算した結果を，真の ϕ の時間発展とする．t が 0.2 進むごとに，つまり 10 ステップ進むごとに，ϕ の値が観測ノイズ付きで観測できるものとして，$t = 8$ まで観測データを得る．観測ノイズは，正規分布 $\mathcal{N}(0, \pi^2/10^2)$ に従うものとする．

そして，今度は $t = 0$ における $\boldsymbol{x} = \begin{pmatrix} \phi & \dot{\phi} \end{pmatrix}^{\mathsf{T}}$ が未知だったとして，得られた観測データをアジョイント法でシミュレーションモデルに同化し，$\boldsymbol{x}$ の時間発展を推定する．シミュレーションモデル $\boldsymbol{f}$ には，観測データを生成したのと同じホイン法によるモデルを用い，システムノイズを $\boldsymbol{0}$ と設定した強拘束の問題を解く．アジョイントモデル $\mathbf{F}_{\boldsymbol{x}_k}^{\mathsf{T}}$ には，式 (4.57) で求めた $\mathbf{F}_{\boldsymbol{x}_k}$ の転置行列

$$\tilde{\mathbf{F}}_{\boldsymbol{x}_k}^{\mathsf{T}} = \begin{pmatrix} 1 - \frac{\alpha^2 \Delta t^2}{2} \cos \phi_k & -\frac{\alpha^2 \Delta t}{2} \left[\cos \phi_k + \cos \left(\phi_k + \dot{\phi}_k \Delta t \right) \right] \\ \Delta t & 1 - \frac{\alpha^2 \Delta t^2}{2} \cos \left(\phi_k + \dot{\phi}_k \Delta t \right) \end{pmatrix}$$

(7.49)

を用いることができる[4]．ここでは，最急降下法を用いて目的関数 J_s を最小化する．つまり，勾配 $\nabla_{\hat{\boldsymbol{x}}_0} J_s$ が求まったら，

$$\hat{\boldsymbol{x}}_{0,j} = \hat{\boldsymbol{x}}_{0,j-1} - \varepsilon \nabla_{\hat{\boldsymbol{x}}_0} J_s \tag{7.50}$$

のように $\boldsymbol{x}_0$ の推定値 $\hat{\boldsymbol{x}}_{0,j}$ を更新するということを繰り返す．ただし，$\hat{\boldsymbol{x}}_{0,j}$ は j 回目の推定値であることを示す．ここでは，最急降下法のステップ幅を決めるパラメータは $\varepsilon = 0.005$ に固定している．

---

[4] より大規模なシミュレーションモデルでは $\boldsymbol{f}$ のヤコビ行列の行列表現を求めること自体が大変なので，ソースコード上の演算ごとに微分を取って接線型モデル，そしてアジョイントモデルが作られる．文献 [30] や [27] にはより詳しく手順が説明されている．

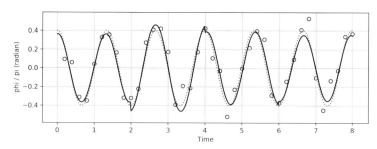

図 7.1 アジョイント法による単振り子の推定結果.白丸は推定に使用した観測データ.灰色の点線は真の値,黒の実線が推定値を示す.同化窓の長さは2としている.

図 7.1 は,アジョイント法による推定結果を示している.なお,観測データは $0 < t \leq 8$ の期間,0.2 の時間間隔で得られているが,ここに示しているのは,アジョイント法を $0 \leq t \leq 2, 2 \leq t \leq 4, 4 \leq t \leq 6, 6 \leq t \leq 8$ の4つの期間に分けて適用した結果である.すなわち,最初はまず $0 < t \leq 2$ の期間に得られた10個の観測データに基づいて $t = 0$ の $\boldsymbol{x}$ を推定し,続いて $2 < t \leq 4$ の期間に得られた10個の観測データから $t = 2$ の $\boldsymbol{x}$ を推定,$4 < t \leq 6$ の期間のデータから $t = 4$ の $\boldsymbol{x}$ を推定,$6 < t \leq 8$ の期間のデータから $t = 6$ の $\boldsymbol{x}$ を推定という手順で推定を行っている.$t = 2, 4, 6$ の前後で推定値に不連続な飛びが見られるのはそのためである.4次元変分法によるデータ同化で,観測データを参照する期間のことを同化窓 (assimilation window) と呼ぶが,この例では,$0 < t \leq 2, 2 < t \leq 4, 4 < t \leq 6, 6 < t \leq 8$ の期間を同化窓として設定したことになる.

図 7.1 では同化窓の長さを2に設定して推定を行ったが,同化窓を長く取りすぎると推定が難しくなることが多い.図 7.2 は,同化窓の長さを8とし,$0 < t \leq 8$ の期間全体のデータを一度に用いてアジョイント法を適用した結果だが,真の値から掛け離れた推定結果になってしまっている.このようなことが起きたのは,時間幅を長く取りすぎたことで目的関数 J_s の形状が複雑になり,局所解に陥りやすくなったためである.実際,$0 < t \leq 2$ の 10 個のデータを用いた場合と,$0 < t \leq 8$ の 40 個のデータを用いた場合とでは,目的関数 J_s の形状が大きく異なる.図 7.3

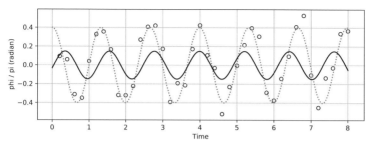

図 7.2 同化窓の長さを 8 とした場合の，アジョイント法による推定結果．白丸は推定に使用した観測データ，灰色の点線は真の値，黒の実線が推定値を示す．

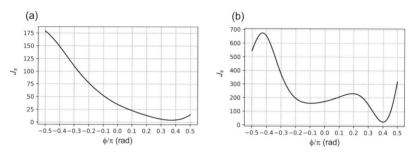

図 7.3 $t = 0$ のときの ϕ に対する目的関数 J_s の形状を異なる同化窓の設定で比較したもの．(a) は同化窓を $0 < t \leq 2$ とした場合，(b) は同化窓を $0 < t \leq 8$ とした場合の J_s である．

は $t = 0$ における ϕ の値に対する目的関数 J_s の値を示している．ただし，$t = 0$ における $\dot{\phi}$ は 0 で固定している．同化窓を $0 < t \leq 2$ にした場合，図 7.3(a) のように J_s は真の初期値 $\phi = 0.4\pi$ の付近に極小値を持つ（極小値は，観測ノイズの影響で真の値からは少しずれる）．一方，同化窓を $0 < t \leq 8$ にすると，図 7.3(b) のように $\phi = 0.4\pi$ 付近に加えて，$\phi = -0.1\pi$ の付近に別の極小値が現れる．図 7.2 の結果は，この別の極小値の方に解が収束してしまったものと考えられる．

なお，この例は観測データを生成したシミュレーションモデルと同一のモデルにデータ同化を行う双子実験であり，初期値さえ正しければ，シミュレーションモデルが真のシステムの時間発展を完全に再現できる．しかし，現実のシミュレーションモデル f は，支配方程式を近似したもの

であり，完全に正しいわけではない．そのため，真の値に近い値から解の探索を始めたとしても，あまりに長期間の観測データを同化しようとすると，シミュレーションモデル f 自体の誤差のために，うまく観測データに合わせられないという問題が起こり得る．期間を短く区切るのには，こうしたシミュレーションモデルの不正確さによる悪影響を避けるという意味もある．

第8章

アンサンブルによる変分法

8.1 アンサンブル変分法

　前章で述べたアジョイント法は，シミュレーションモデル f のヤコビ行列 $\tilde{\mathbf{F}}$ の転置に相当するアジョイントモデルが必要となる．しかし，シミュレーションモデルが複雑で大規模になってくると，アジョイントモデルを作成するのが容易ではなくなる．また，シミュレーションのプログラムを変更すると，アジョイントモデルの修正も必要となるため，維持管理にも手間が掛かる．そこで，より実装しやすい方法として，様々な設定でシミュレーションを実行するアンサンブルシミュレーションを行い，その結果を利用して4次元変分法の問題を近似的に解く方法が提案されている．アンサンブルを使った方法は，精度や計算効率の点でアジョイント法に劣るが，シミュレーションモデルをほぼブラックボックスとして扱うことができ，開発や維持管理がしやすいという利点がある．本章では，こうしたアンサンブルによる4次元変分法の解き方について簡単な紹介を行う．

　ここでも，強拘束の設定を想定するが，目的関数としては，式 (7.39) の関数 g_k を用いた式 (7.40) の形

$$J_s = \frac{1}{2} \left(\boldsymbol{x}_0 - \bar{\boldsymbol{x}}_b \right)^{\mathsf{T}} \mathbf{P}_b^{-1} \left(\boldsymbol{x}_0 - \bar{\boldsymbol{x}}_b \right)$$
$$+ \frac{1}{2} \sum_{k=1}^{K} \left(\boldsymbol{y}_k - \boldsymbol{g}_k(\boldsymbol{x}_0) \right)^{\mathsf{T}} \mathbf{R}_k^{-1} \left(\boldsymbol{y}_k - \boldsymbol{g}_k(\boldsymbol{x}_0) \right) \tag{8.1}$$

を考える. アジョイント法では, J_s の勾配を真面目に計算したわけだが, 勾配を計算する際に, シミュレーションモデルを表す関数 $\boldsymbol{f}$ のヤコビ行列 $\tilde{\mathbf{F}}_{\boldsymbol{x}_k}$ が必要であった. しかし, これから述べるように, N 個の異なる初期値で実行したシミュレーションの結果を用いて J_s を近似することで, ヤコビ行列の計算を回避することができる.

まず, N 個の異なる初期値からなるアンサンブルを生成し, $\{\boldsymbol{x}_0^{(1)}, \ldots, \boldsymbol{x}_0^{(N)}\}$ とおく. このアンサンブルは,

$$\frac{1}{N} \sum_{i=1}^{N} \boldsymbol{x}_0^{(i)} = \bar{\boldsymbol{x}}_b \tag{8.2}$$

のように平均が事前分布の平均 $\bar{\boldsymbol{x}}_b$ と一致するように作るものとする. 初期値 $\boldsymbol{x}_0^{(i)}$ に対してシミュレーションを K ステップ実行すると,

$$\boldsymbol{x}_k^{(i)} = \boldsymbol{f}^k(\boldsymbol{x}_0^{(i)}), \quad (k = 1, \ldots, K) \tag{8.3}$$

のように, 各時間ステップについて $\boldsymbol{x}_k$ の予測値が得られる. ただし, $\boldsymbol{f}^k$ は式 (7.15) と同様にシミュレーションモデル $\boldsymbol{f}$ を k 回適用することを表している. これに観測と対応付ける関数 $\boldsymbol{h}_k$ を適用すると, 時間ステップごとの観測のシミュレーションによる予測値

$$\boldsymbol{g}_k(\boldsymbol{x}_0^{(i)}) = \boldsymbol{h}_k(\boldsymbol{f}^k(\boldsymbol{x}_0^{(i)})) = \boldsymbol{h}_k(\boldsymbol{x}_k^{(i)}), \quad (k = 1, \ldots, K) \tag{8.4}$$

となる. ここで, 初期値 $\boldsymbol{x}_0$ が以下の形で表されるものと仮定する:

$$\boldsymbol{x}_0 = \bar{\boldsymbol{x}}_b + \frac{1}{\sqrt{N}} \sum_{i=1}^{N} \beta^{(i)} \left(\boldsymbol{x}_0^{(i)} - \bar{\boldsymbol{x}}_b \right). \tag{8.5}$$

式 (8.2) で $\bar{\boldsymbol{x}}_b$ がアンサンブルの平均と一致すると仮定したので, $\bar{\boldsymbol{x}}_b$ は N 個の初期値で構成されるアンサンブルの線型結合となる. したがって,

8.1 アンサンブル変分法

式 (8.5) は $\boldsymbol{x}_0$ がアンサンブルの線型結合で表されるという仮定をおいていると考えてもよい．ここで，$\boldsymbol{x}_0$ の次元を m として $m \times N$ 行列 $\mathbf{X}$ を

$$\mathbf{X} = \frac{1}{\sqrt{N}} \left(\begin{array}{ccc} \boldsymbol{x}_0^{(1)} - \bar{\boldsymbol{x}}_b & \cdots & \boldsymbol{x}_0^{(N)} - \bar{\boldsymbol{x}}_b \end{array} \right) \tag{8.6}$$

のように定義すると，式 (8.5) は以下のように書ける：

$$\boldsymbol{x}_0 = \bar{\boldsymbol{x}}_b + \mathbf{X}\boldsymbol{\beta}. \tag{8.7}$$

このように仮定すると，アンサンブルの線型結合の重み $\boldsymbol{\beta}$ を推定すれば $\boldsymbol{x}_0$ も推定できることになる．一方，目的関数に含まれる関数 $\boldsymbol{g}_k$ を次のように 1 次近似する：

$$\boldsymbol{g}_k(\boldsymbol{x}_0) \simeq \boldsymbol{g}_k(\bar{\boldsymbol{x}}_b) + \tilde{\mathbf{G}}_{k,\bar{\boldsymbol{x}}_b} \left(\boldsymbol{x}_0 - \bar{\boldsymbol{x}}_b \right). \tag{8.8}$$

ただし，$\tilde{\mathbf{G}}_{k,\bar{\boldsymbol{x}}_b}$ は関数 $\boldsymbol{g}_k$ の $\bar{\boldsymbol{x}}_b$ におけるヤコビ行列である．これに式 (8.7) を代入すると，

$$\boldsymbol{g}_k(\boldsymbol{x}_0) \simeq \boldsymbol{g}_k(\bar{\boldsymbol{x}}_b) + \tilde{\mathbf{G}}_{k,\bar{\boldsymbol{x}}_b} \mathbf{X}\boldsymbol{\beta}. \tag{8.9}$$

また，式 (8.8) の近似を用いると，初期値 $\boldsymbol{x}_0^{(i)}$ に対する $\boldsymbol{g}_k$ の出力は

$$\boldsymbol{g}_k(\boldsymbol{x}_0^{(i)}) \simeq \boldsymbol{g}_k(\bar{\boldsymbol{x}}_b) + \tilde{\mathbf{G}}_{k,\bar{\boldsymbol{x}}_b} \left(\boldsymbol{x}_0^{(i)} - \bar{\boldsymbol{x}}_b \right) \tag{8.10}$$

と書けるので，行列 $\boldsymbol{\Gamma}_k$ を

$$\boldsymbol{\Gamma}_k = \frac{1}{\sqrt{N}} \left(\begin{array}{ccc} \boldsymbol{g}_k(\boldsymbol{x}_0^{(1)}) - \boldsymbol{g}_k(\bar{\boldsymbol{x}}_b) & \cdots & \boldsymbol{g}_k(\boldsymbol{x}_0^{(N)}) - \boldsymbol{g}_k(\bar{\boldsymbol{x}}_b) \end{array} \right) \tag{8.11}$$

のように定義すると，

$$\tilde{\mathbf{G}}_{k,\boldsymbol{x}_0} \mathbf{X} \simeq \boldsymbol{\Gamma}_k \tag{8.12}$$

という近似が成り立つ．これを式 (8.9) に代入すると，

$$\boldsymbol{g}_k(\boldsymbol{x}_0) \simeq \boldsymbol{g}_k(\bar{\boldsymbol{x}}_b) + \boldsymbol{\Gamma}_k\boldsymbol{\beta}. \tag{8.13}$$

これを式 (8.1) の右辺に代入すると，目的関数 J_s を近似する関数 $\hat{J}_s$ が

$$\hat{J}_s = \frac{1}{2}\boldsymbol{\beta}^\mathsf{T}\mathbf{X}^\mathsf{T}\mathbf{P}_b^{-1}\mathbf{X}\boldsymbol{\beta}$$
$$+ \frac{1}{2}\sum_{k=1}^{K}\left(\boldsymbol{y}_k - \boldsymbol{g}_k(\bar{\boldsymbol{x}}_b) - \boldsymbol{\Gamma}_k\boldsymbol{\beta}\right)^\mathsf{T}\mathbf{R}_k^{-1}\left(\boldsymbol{y}_k - \boldsymbol{g}_k(\bar{\boldsymbol{x}}_b) - \boldsymbol{\Gamma}_k\boldsymbol{\beta}\right) \tag{8.14}$$

のように得られる.

$\hat{J}_s$ の最小化を行うために, $\hat{J}_s$ の $\boldsymbol{\beta}$ に対する勾配を取ると,

$$\nabla_{\boldsymbol{\beta}}\hat{J}_s = \mathbf{X}^\mathsf{T}\mathbf{P}_b^{-1}\mathbf{X}\boldsymbol{\beta} - \sum_{k=1}^{K}\boldsymbol{\Gamma}_k^\mathsf{T}\mathbf{R}_k^{-1}\left(\boldsymbol{y}_k - \boldsymbol{g}_k(\bar{\boldsymbol{x}}_b) - \boldsymbol{\Gamma}_k\boldsymbol{\beta}\right). \tag{8.15}$$

$\nabla_{\boldsymbol{\beta}}\hat{J}_s$ を使って,最急降下法で $\boldsymbol{\beta}$ の最適値 $\hat{\boldsymbol{\beta}}$ が得られれば,式 (8.7) を用いて $\boldsymbol{x}_0$ の推定値は

$$\hat{\boldsymbol{x}}_0 = \bar{\boldsymbol{x}}_b + \mathbf{X}\hat{\boldsymbol{\beta}} \tag{8.16}$$

のように求められる.このように,アンサンブルシミュレーションの結果を利用して近似した目的関数を最小化するのが,**4 次元アンサンブル変分法** (4-dimensional ensemble variational method; 4DEnVar)[13] の考え方である.式 (8.15) で使われている行列 $\boldsymbol{\Gamma}_k$ は,式 (8.11) に示したように,アンサンブルシミュレーションの結果を使って構成できる.アジョイント法のように,シミュレーションモデルのヤコビ行列(接線型モデル)$\tilde{\mathbf{F}}_{\boldsymbol{x}_k}$ を考える必要はなく,実装は容易になる.

なお,4 次元アンサンブル変分法では,式 (8.5) のように,$\boldsymbol{x}_0$ がアンサンブルメンバー $\{\boldsymbol{x}_0^{(i)}\}_{i=1}^{N}$ の線型結合で表されることを仮定し,推定を行っている.これは,$\boldsymbol{x}_0$ の推定値 $\hat{\boldsymbol{x}}_0$ が,$N-1$ 次元のアンサンブル空間に制限されることを意味する.N はシミュレーションを実行する回数に対応しており,N を増やすとその分だけ計算コストが必要になるため,実際に応用する上では,N をあまり大きく取ることができない.そのため,アンサンブルカルマンフィルタと同様に,推定値を観測に合わせきれないという問題が起こり得る.アンサンブルカルマンフィルタでは,局所化という手法を使ってこの問題を回避することを 5.6 節で述べた.本書では説明しないが,4 次元アンサンブル変分法においても,$\boldsymbol{x}_0$ が高次元となる

大規模な問題では局所化が適用される [14, 23, 3]. ただし, 4 次元アンサンブル変分法における局所化の手続きは, アンサンブルカルマンフィルタと比較して複雑になる.

8.2 反復計算

実は, 式 (8.14) で得られた近似目的関数 $\hat{J}_s$ は, $\boldsymbol{\beta}$ についての二次関数になっているので, $\hat{J}_s$ を最小化する $\hat{\boldsymbol{\beta}}$ を解析的に求めることもできる. $\boldsymbol{\beta} = \hat{\boldsymbol{\beta}}$ のときに $\nabla_{\boldsymbol{\beta}} \hat{J}_s = 0$ なので,

$$\mathbf{X}^\mathsf{T} \mathbf{P}_b^{-1} \mathbf{X} \hat{\boldsymbol{\beta}} + \sum_{k=1}^{K} \boldsymbol{\Gamma}_k^\mathsf{T} \mathbf{R}_k^{-1} \boldsymbol{\Gamma}_k \hat{\boldsymbol{\beta}} = \sum_{k=1}^{K} \boldsymbol{\Gamma}_k^\mathsf{T} \mathbf{R}_k^{-1} \left(\boldsymbol{y}_k - \boldsymbol{g}_k(\bar{\boldsymbol{x}}_b) \right). \quad (8.17)$$

したがって,

$$\hat{\boldsymbol{\beta}} = \left(\mathbf{X}^\mathsf{T} \mathbf{P}_b^{-1} \mathbf{X} + \sum_{k=1}^{K} \boldsymbol{\Gamma}_k^\mathsf{T} \mathbf{R}_k^{-1} \boldsymbol{\Gamma}_k \right)^{-1} \left[\sum_{k=1}^{K} \boldsymbol{\Gamma}_k^\mathsf{T} \mathbf{R}_k^{-1} \left(\boldsymbol{y}_k - \boldsymbol{g}_k(\bar{\boldsymbol{x}}_b) \right) \right].$$
$$(8.18)$$

式 (8.18) で得られた $\hat{\boldsymbol{\beta}}$ を式 (8.16) に代入すれば, $\boldsymbol{x}_0$ の推定値は直ちに得られる.

ただし, アンサンブルメンバー数 N を十分に増やしたとしても, 式 (8.18) で得られた $\hat{\boldsymbol{\beta}}$ を式 (8.16) に代入して得られる $\hat{\boldsymbol{x}}_0$ が最適解となる保証はないことに注意する必要がある. 一般に $\boldsymbol{g}_k$ は非線型だが, 式 (8.13) で線型近似を用いており, 式 (8.14) を最小化する解が元の目的関数 (8.1) を最小化する解と一致しない可能性があるためである.

こうした問題に対処する方法として, 計算コストは掛かるが, 式 (8.18) で得られた推定値 $\hat{\boldsymbol{x}}_0$ の周りに新たなアンサンブルを生成し, アンサンブルシミュレーションを実行して, 式 (8.18) で推定値を更新するという手続きを繰り返す方法がある [5, 8, 17]. まず, その時点で得られている推定値を $\hat{\boldsymbol{x}}_{I0}$ とし, N 個の異なる初期値 $\{\boldsymbol{x}_{I,0}^{(i)}\}_{i=1}^{N}$ を

$$\sum_{i=1}^{N} \boldsymbol{x}_{I,0}^{(i)} = \hat{\boldsymbol{x}}_{I0} \tag{8.19}$$

が満たされるように生成する．次に，各 $\boldsymbol{x}_{I,0}^{(i)}$ を初期値にシミュレーションを実行し，行列 $\mathbf{X}$ を

$$\mathbf{X}_I = \frac{1}{\sqrt{N}} \left(\boldsymbol{x}_{I,0}^{(1)} - \hat{\boldsymbol{x}}_{I0} \quad \cdots \quad \boldsymbol{x}_{I,0}^{(N)} - \hat{\boldsymbol{x}}_{I0} \right), \tag{8.20}$$

行列 $\boldsymbol{\Gamma}_{Ik}$ $(k = 1, \ldots, K)$ を

$$\boldsymbol{\Gamma}_{Ik} = \frac{1}{\sqrt{N}} \left(\boldsymbol{g}_k(\boldsymbol{x}_{I,0}^{(1)}) - \boldsymbol{g}_k(\hat{\boldsymbol{x}}_{I0}) \quad \cdots \quad \boldsymbol{g}_k(\boldsymbol{x}_{I,0}^{(N)}) - \boldsymbol{g}_k(\hat{\boldsymbol{x}}_{I0}) \right) \tag{8.21}$$

のように構成する．$\boldsymbol{x}_0$ が $\mathbf{X}_I$ を用いて

$$\boldsymbol{x}_0 = \hat{\boldsymbol{x}}_{I0} + \mathbf{X}_I \boldsymbol{\beta} \tag{8.22}$$

のように書けると仮定し，関数 $\boldsymbol{g}_k(\boldsymbol{x}_0)$ を式 (8.8) で近似する代わりに，$\hat{\boldsymbol{x}}_{I0}$ の回りでの線型近似

$$\boldsymbol{g}_k(\boldsymbol{x}_0) \simeq \boldsymbol{g}_k(\hat{\boldsymbol{x}}_{I0}) + \tilde{\mathbf{G}}_{k,\hat{\boldsymbol{x}}_{I0}} (\boldsymbol{x}_0 - \hat{\boldsymbol{x}}_{I0}) \approx \boldsymbol{g}_k(\hat{\boldsymbol{x}}_{I0}) + \boldsymbol{\Gamma}_{IK}\boldsymbol{\beta} \tag{8.23}$$

を用いる．このとき，式 (8.1) の目的関数 J_s のアンサンブル $\{\boldsymbol{x}_{I,0}^{(i)}\}_{i=1}^{N}$ による近似は，

$$
\begin{aligned}
\hat{J}_{sI} = \ & \frac{1}{2} \left(\hat{\boldsymbol{x}}_{I0} + \mathbf{X}_I \boldsymbol{\beta} - \bar{\boldsymbol{x}}_b \right)^{\mathsf{T}} \mathbf{P}_b^{-1} \left(\hat{\boldsymbol{x}}_{I0} + \mathbf{X}_I \boldsymbol{\beta} - \bar{\boldsymbol{x}}_b \right) \\
& + \frac{1}{2} \sum_{k=1}^{K} \left(\boldsymbol{y}_k - \boldsymbol{g}_k(\hat{\boldsymbol{x}}_{I0}) - \boldsymbol{\Gamma}_{Ik}\boldsymbol{\beta} \right)^{\mathsf{T}} \mathbf{R}_k^{-1} \left(\boldsymbol{y}_k - \boldsymbol{g}_k(\hat{\boldsymbol{x}}_{I0}) - \boldsymbol{\Gamma}_{Ik}\boldsymbol{\beta} \right)
\end{aligned}
\tag{8.24}
$$

となる．式 (8.14) が関数 $\boldsymbol{g}_k(\boldsymbol{x}_0)$ の $\bar{\boldsymbol{x}}_b$ の周りでの線型近似に基づいているのに対して，式 (8.24) は $\boldsymbol{g}_k(\boldsymbol{x}_0)$ の $\hat{\boldsymbol{x}}_{I0}$ の周りでの線型近似に基づいている．$\hat{\boldsymbol{x}}_{I0}$ が，一番最初に与えられる予想 $\bar{\boldsymbol{x}}_b$ よりも元々の目的関数 J_s の極値を与える $\boldsymbol{x}_0$ の値に近ければ，式 (8.14) よりも式 (8.24) の方が，解の周辺での近似精度が高くなる．したがって，式 (8.14) よりも式 (8.24) の関数 $\hat{J}_{sI}$ を最小化した方が，本来の目的関数 J_s の最小化によっ

て得られる解に近い結果になると考えられる．さらに，式 (8.24) の最小化で得られた解を $\hat{\boldsymbol{x}}_{I0}$ としてアンサンブルを生成し，J_s を近似し直して最小化するという手続きを繰り返すことで，J_s の下での最適解に近づくことが期待できる．

ただし，式 (8.24) の近似目的関数 $\hat{J}_{sI}$ の最小化を繰り返す方法では，推定が安定しない場合がある．そのような場合には，以下のように正則化項を追加した関数 $\check{J}_{sI}$ を考えて最小化することによって，推定を安定化させるという方法がある：

$$
\begin{aligned}
\check{J}_{sI} = {} & \frac{\lambda^2}{2}\boldsymbol{\beta}^\mathsf{T}\boldsymbol{\beta} + \frac{1}{2}\left(\hat{\boldsymbol{x}}_{I0} + \mathbf{X}_I\boldsymbol{\beta} - \bar{\boldsymbol{x}}_b\right)^\mathsf{T}\mathbf{P}_b^{-1}\left(\hat{\boldsymbol{x}}_{I0} + \mathbf{X}_I\boldsymbol{\beta} - \bar{\boldsymbol{x}}_b\right) \\
& + \frac{1}{2}\sum_{k=1}^{K}\left(\boldsymbol{y}_k - \boldsymbol{g}_k(\hat{\boldsymbol{x}}_{I0}) - \boldsymbol{\Gamma}_{Ik}\boldsymbol{\beta}\right)^\mathsf{T}\mathbf{R}_k^{-1}\left(\boldsymbol{y}_k - \boldsymbol{g}_k(\hat{\boldsymbol{x}}_{I0}) - \boldsymbol{\Gamma}_{Ik}\boldsymbol{\beta}\right).
\end{aligned}
\tag{8.25}
$$

式 (8.25) の右辺第 1 項が正則化項で，$\boldsymbol{\beta}$ の大きさを抑える罰則になっており，これによって，$\hat{\boldsymbol{x}}_{I0}$ の近くで解の探索が行われる．式 (8.24) の近似は $\hat{\boldsymbol{x}}_{I0}$ の周りでの線型近似に基づいており，$\hat{\boldsymbol{x}}_{I0}$ から遠ざかると近似精度が悪くなるため，探索範囲を $\hat{\boldsymbol{x}}_{I0}$ の近くに絞ることで，推定が安定することが期待できる．$\check{J}_s$ の勾配を計算してみると，

$$
\begin{aligned}
\nabla_{\boldsymbol{\beta}}\check{J}_{sI} = {} & \lambda^2\boldsymbol{\beta} + \mathbf{X}_I^\mathsf{T}\mathbf{P}_b^{-1}\left(\hat{\boldsymbol{x}}_{I0} + \mathbf{X}_I\boldsymbol{\beta} - \bar{\boldsymbol{x}}_b\right) \\
& - \sum_{k=1}^{K}\boldsymbol{\Gamma}_{Ik}^\mathsf{T}\mathbf{R}_k^{-1}\left(\boldsymbol{y}_k - \boldsymbol{g}_k(\hat{\boldsymbol{x}}_{I0}) - \boldsymbol{\Gamma}_{Ik}\boldsymbol{\beta}\right)
\end{aligned}
\tag{8.26}
$$

なので，$\nabla_{\boldsymbol{\beta}}\check{J}_s = 0$ となる $\boldsymbol{\beta}$ の値は，

$$
\begin{aligned}
\hat{\boldsymbol{\beta}} = {} & \left(\lambda^2\mathbf{I} + \mathbf{X}_I^\mathsf{T}\mathbf{P}_b^{-1}\mathbf{X}_I + \sum_{k=1}^{K}\boldsymbol{\Gamma}_{Ik}^\mathsf{T}\mathbf{R}_k^{-1}\boldsymbol{\Gamma}_{Ik}\right)^{-1} \\
& \times \left[\sum_{k=1}^{K}\boldsymbol{\Gamma}_{Ik}^\mathsf{T}\mathbf{R}_k^{-1}\left(\boldsymbol{y}_k - \boldsymbol{g}_k(\hat{\boldsymbol{x}}_{I0})\right) - \mathbf{X}_I^\mathsf{T}\mathbf{P}_b^{-1}\left(\hat{\boldsymbol{x}}_{I0} - \bar{\boldsymbol{x}}_b\right)\right].
\end{aligned}
\tag{8.27}
$$

この $\hat{\boldsymbol{\beta}}$ が，$\check{J}_{sI}$ を最小にする $\boldsymbol{\beta}$ の値となる．式 (8.27) に基づく $\boldsymbol{x}_0$ の推定アルゴリズムは，アルゴリズム 8 のようになる．

142　　　第 8 章　アンサンブルによる変分法

アルゴリズム 8　アンサンブルによる反復計算アルゴリズム

1: $\hat{\boldsymbol{x}}_{I0} := \bar{\boldsymbol{x}}_b$

2: **while** unconverged **do**

3: 　　$\sum_{i=1}^{N} \boldsymbol{x}_{I,0}^{(i)} = \hat{\boldsymbol{x}}_{I0}$ を満たすアンサンブル $\{\boldsymbol{x}_{I,0}^{(i)}\}_{i=1}^{N}$ を生成する

4: 　　**for** $i := 1, \ldots, N$ **do** 　　　　　　　　$\triangleright i$ は各アンサンブルメンバー

5: 　　　　**for** $k = 1, \ldots, K$ **do** 　　　　　　　　　$\triangleright k$ は時間ステップ

6: 　　　　　　$\boldsymbol{x}_{I,k}^{(i)} := \boldsymbol{f}(\boldsymbol{x}_{I,k-1}^{(i)})$

7: 　　　　　　$\boldsymbol{g}_k(\boldsymbol{x}_{I,0}^{(i)}) := \boldsymbol{h}_k\left(\boldsymbol{x}_{I,k}^{(i)}\right)$

8: 　　　　**end for**

9: 　　**end for**

10: 　　$\mathbf{X}_I = \dfrac{1}{\sqrt{N}}\left(\boldsymbol{x}_{I,0}^{(1)} - \hat{\boldsymbol{x}}_{I0} \quad \cdots \quad \boldsymbol{x}_{I,0}^{(N)} - \hat{\boldsymbol{x}}_{I0}\right)$

11: 　　**for** $k = 1, \ldots, K$ **do**

12: 　　　　$\boldsymbol{\Gamma}_{Ik} = \dfrac{1}{\sqrt{N}}\left(\boldsymbol{g}_k(\boldsymbol{x}_{I,0}^{(1)}) - \boldsymbol{g}_k(\hat{\boldsymbol{x}}_{I0}) \quad \cdots \quad \boldsymbol{g}_k(\boldsymbol{x}_{I,0}^{(N)}) - \boldsymbol{g}_k(\hat{\boldsymbol{x}}_{I0})\right)$

13: 　　**end for**

14: 　　$\hat{\boldsymbol{\eta}} := \sum_{k=1}^{K} \boldsymbol{\Gamma}_{Ik}^{\mathsf{T}}\mathbf{R}_k^{-1}\left(\boldsymbol{y}_k - \boldsymbol{g}_k(\hat{\boldsymbol{x}}_{I0})\right) - \mathbf{X}_I^{\mathsf{T}}\mathbf{P}_b^{-1}\left(\hat{\boldsymbol{x}}_{I0} - \bar{\boldsymbol{x}}_b\right)$

15: 　　$\hat{\boldsymbol{\beta}} := \left(\lambda^2\mathbf{I} + \mathbf{X}_I^{\mathsf{T}}\mathbf{P}_b^{-1}\mathbf{X}_I + \sum_{k=1}^{K}\boldsymbol{\Gamma}_{Ik}^{\mathsf{T}}\mathbf{R}_k^{-1}\boldsymbol{\Gamma}_{Ik}\right)^{-1}\hat{\boldsymbol{\eta}}$

16: 　　$\hat{\boldsymbol{x}}_{I0} := \hat{\boldsymbol{x}}_{I0} + \mathbf{X}_I\hat{\boldsymbol{\beta}}$

17: **end while**

付　　録

A.1　特異値分解

　データ同化をはじめとする多変量のデータ解析で現れる行列計算には**特異値分解**という方法がよく用いられる．線型代数学の教科書の中には特異値分解についての記述がないものも多いので，本文では特異値分解の使用を避けたが，付録 A.2，A.3 節で使うため，ここで簡単に説明しておく．

　行列 $\mathbf{A}$ を $n \times m$ 行列とする（ここでは要素をすべて実数として説明する）．このとき，$\mathbf{A}$ は以下の形に分解できる：

$$\mathbf{A} = \mathbf{U}_y \mathbf{D} \mathbf{U}_x^{\mathsf{T}}. \tag{A.1}$$

ここで $\mathbf{U}_y$ は $n \times n$ の，$\mathbf{U}_x$ は $m \times m$ の直交行列であり，また，$\mathbf{D}$ は対角要素のみ 0 でない値を持つ

$$\mathbf{D} = \begin{pmatrix} d_1 & & & \mathbf{O} & \\ & \ddots & & & \mathbf{O}_{r \times (m-r)} \\ \mathbf{O} & & d_r & & \\ & \mathbf{O}_{(n-r) \times r} & & \mathbf{O}_{(n-r) \times (m-r)} & \end{pmatrix} \tag{A.2}$$

のような $n \times m$ 行列である．式 (A.1) のような分解を特異値分解と呼ぶ．

　行列 $\mathbf{U}_y$, $\mathbf{U}_x$ を $\mathbf{U}_y = (\boldsymbol{u}_{y,1} \ \ldots \ \boldsymbol{u}_{y,n})$, $\mathbf{U}_x = (\boldsymbol{u}_{x,1} \ \ldots \ \boldsymbol{u}_{x,m})$ のように縦ベクトルに分解すると，それぞれが n 次元，m 次元ベクトル空間の正規直交基底をなす．この $\{\boldsymbol{u}_{y,1}, \ldots, \boldsymbol{u}_{y,n}\}$, $\{\boldsymbol{u}_{x,1}, \ldots, \boldsymbol{u}_{x,m}\}$ を特異ベクトルと呼ぶ．また，$\{d_1, \ldots, d_r\}$ を特異値と呼ぶ．

　任意の $n \times m$ 行列 $\mathbf{A}$ が特異値分解できることは，次のようにして示される．$n \times m$ 行列 $\mathbf{A}$ から m 次の正方行列 $\mathbf{A}^{\mathsf{T}}\mathbf{A}$ を作ると，$\mathbf{A}^{\mathsf{T}}\mathbf{A}$ は半正定値対称行列（3.2 節参照）になる．したがって，

$$\mathbf{A}^\mathsf{T}\mathbf{A} = \mathbf{U}_x\mathbf{\Lambda}\mathbf{U}_x^\mathsf{T} \tag{A.3}$$

と固有値分解すると，$\mathbf{U}_x$ は直交行列となり，対角行列 $\mathbf{\Lambda} = \mathrm{diag}(\lambda_1,\ldots,$ $\lambda_m)$ の各対角要素 λ_i はすべて非負の実数となる．以下では，行列 $\mathbf{A}$ の階数を r とし，$\lambda_1 \geq \lambda_2 \geq \cdots \geq \lambda_r > 0$，また $i > r$ について $\lambda_i = 0$ とする．

　行列 $\mathbf{U}_x$ を $\mathbf{U}_x = (\boldsymbol{u}_{x,1}\ \boldsymbol{u}_{x,2}\ \cdots\ \boldsymbol{u}_{x,m})$ のように分解すると，各 $\boldsymbol{u}_{x,i}$ は $\mathbf{A}^\mathsf{T}\mathbf{A}$ の固有ベクトルなので，

$$\mathbf{A}^\mathsf{T}\mathbf{A}\boldsymbol{u}_{x,i} = \lambda_i\boldsymbol{u}_{x,i} \tag{A.4}$$

である．この式を用いると，

$$\|\mathbf{A}\boldsymbol{u}_{x,i}\|^2 = \boldsymbol{u}_{x,i}^\mathsf{T}\mathbf{A}^\mathsf{T}\mathbf{A}\boldsymbol{u}_{x,i} = \boldsymbol{u}_{x,i}\left(\lambda_i^\mathsf{T}\boldsymbol{u}_{x,i}\right) = \lambda_i \tag{A.5}$$

がいえる．また，式 (A.4) の両辺に左から $\mathbf{A}$ を掛けると

$$\mathbf{A}\mathbf{A}^\mathsf{T}\mathbf{A}\boldsymbol{u}_{x,i} = \lambda_i\mathbf{A}\boldsymbol{u}_{x,i} \tag{A.6}$$

が成り立つので，$\mathbf{A}\boldsymbol{u}_{x,i}$ は行列 $\mathbf{A}\mathbf{A}^\mathsf{T}$ の固有ベクトルになる．そこで，$\lambda_i > 0$ の場合，つまり $i \leq r$ の場合について

$$\boldsymbol{u}_{y,i} = \frac{1}{\sqrt{\lambda_i}}\mathbf{A}\boldsymbol{u}_{x,i} \tag{A.7}$$

とおき，行列 $\mathbf{A}\mathbf{A}^\mathsf{T}$ の長さ 1 の固有ベクトルを作る．$i \neq j$ のとき，

$$\boldsymbol{u}_{y,i}^\mathsf{T}\boldsymbol{u}_{y,j} = \frac{1}{\sqrt{\lambda_i\lambda_j}}\boldsymbol{u}_{x,i}^\mathsf{T}\mathbf{A}^\mathsf{T}\mathbf{A}\boldsymbol{u}_{x,j} = \frac{\lambda_j}{\sqrt{\lambda_i\lambda_j}}\boldsymbol{u}_{x,i}^\mathsf{T}\boldsymbol{u}_{x,j} = 0 \tag{A.8}$$

なので，$\boldsymbol{u}_{y,i}$ と $\boldsymbol{u}_{y,j}$ は直交する．したがって，$r = n$ のとき，$\{\boldsymbol{u}_{y,1},$ $\ldots, \boldsymbol{u}_{y,n}\}$ は n 次元ベクトル空間の正規直交基底になり，$r < n$ の場合は，適当な $\boldsymbol{u}_{y,r+1},\ldots,\boldsymbol{u}_{y,n}$ を選ぶことにより，n 次元ベクトル空間の正規直交基底 $\{\boldsymbol{u}_{y,1},\ldots,\boldsymbol{u}_{y,n}\}$ を構成することができる．このとき，$\mathbf{U}_y = (\boldsymbol{u}_{y,1}\ \cdots\ \boldsymbol{u}_{y,n})$ とおくと，$\mathbf{U}_y$ は直交行列になる．

　式 (A.7) より，$i \leq r$ のとき

$$\mathbf{A}\boldsymbol{u}_{x,i} = \sqrt{\lambda_i}\boldsymbol{u}_{y,i} \tag{A.9}$$

が成り立つ. また, $m > r$ の場合, 式 (A.5) を使うと $r < i \le m$ では

$$\mathbf{A}\boldsymbol{u}_{x,i} = \mathbf{0} \tag{A.10}$$

がいえる. そこで $d_i = \sqrt{\lambda_i} \ (i = 1, \ldots, r)$ とおき, $n \times m$ 行列 $\mathbf{D}$ を

$$\mathbf{D} = \begin{pmatrix} d_1 & & \mathbf{O} & \\ & \ddots & & \mathbf{O}_{r \times (m-r)} \\ \mathbf{O} & & d_r & \\ & \mathbf{O}_{(n-r) \times r} & & \mathbf{O}_{(n-r) \times (m-r)} \end{pmatrix} \tag{A.11}$$

と定義すると,

$$\mathbf{A}\mathbf{U}_x = \mathbf{U}_y\mathbf{D} \tag{A.12}$$

が成り立つ. $\mathbf{U}_x$ は直交行列なので,

$$\mathbf{A} = \mathbf{U}_y\mathbf{D}\mathbf{U}_x^{\mathsf{T}}. \tag{A.13}$$

これが, 式 (A.1) の特異値分解の式となる.

A.2　多次元正規分布の確率密度関数に関する補足

式 (2.19) において, $\boldsymbol{x}$ の次元 m より $\boldsymbol{z}$ の次元 n が大きく, 行列 $\mathbf{T}$ の階数 r が m に等しい場合, $\mathbf{T}$ は非正則である. このような場合でも, $\mathbf{P} = \mathbf{T}\mathbf{T}^{\mathsf{T}}$ が正則行列ならば式 (2.24) と同じ確率密度関数が得られることを確認する.

まず, 準備として, $m \times n$ 行列 $\mathbf{T}$ の特異値分解 (A.1 節参照) を行い,

$$\mathbf{T} = \mathbf{U}_x\mathbf{D}\mathbf{U}_z^{\mathsf{T}} \tag{A.14}$$

のように分解しておく. ただし, $\mathbf{U}_x$ は m 次の直交行列, $\mathbf{U}_z$ は n 次の直交行列であり, $\mathbf{D}$ は対角要素のみを持つ以下のような形の $m \times n$ 行列で

ある：

$$\mathbf{D} = \begin{pmatrix} d_1 & & \mathbf{O} & \\ & \ddots & & \mathbf{O}_{m \times (n-m)} \\ \mathbf{O} & & d_m & \end{pmatrix}. \tag{A.15}$$

$\mathbf{T}$ の階数を m としているので，$d_1, \ldots, d_m$ はすべて 0 でない正の値を取る．式 (A.14) を使うと，式 (2.19) は，

$$\boldsymbol{x} = \bar{\boldsymbol{x}} + \mathbf{U}_x \mathbf{D} \mathbf{U}_z^\mathsf{T} \boldsymbol{z} \tag{A.16}$$

となる．ここで，$\boldsymbol{\zeta} = \mathbf{U}_z^\mathsf{T} \boldsymbol{z}$ とおくと，式 (2.20), (2.21) より $\boldsymbol{\zeta}$ は正規分布 $\mathcal{N}(\mathbf{0}, \mathbf{I}_n)$ に従うことが分かるが，これは標準正規分布である．$\boldsymbol{\zeta}$ を使うと，式 (A.16) は

$$\boldsymbol{x} = \bar{\boldsymbol{x}} + \mathbf{U}_x \mathbf{D} \boldsymbol{\zeta} \tag{A.17}$$

と書き直せる．$\mathbf{D}$ が式 (A.15) の形になっているので，$\boldsymbol{\zeta} = (\zeta_1 \ \cdots \ \zeta_n)^\mathsf{T}$ の n 個の要素のうち，$\boldsymbol{x}$ に寄与するのは ζ_1 から ζ_m までで，$m+1$ 番目以降の要素（ζ_{m+1} から ζ_n まで）は寄与しないことが分かる．そこで，

$$\check{\mathbf{D}} = \begin{pmatrix} d_1 & & \mathbf{O} \\ & \ddots & \\ \mathbf{O} & & d_m \end{pmatrix}, \qquad \check{\boldsymbol{\zeta}} = \begin{pmatrix} \zeta_1 \\ \vdots \\ \zeta_m \end{pmatrix}$$

とおくと，式 (A.17) は以下のように書ける：

$$\boldsymbol{x} = \bar{\boldsymbol{x}} + \mathbf{U}_x \check{\mathbf{D}} \check{\boldsymbol{\zeta}}. \tag{A.18}$$

$\boldsymbol{\zeta}$ は n 次元標準正規分布に従い，各要素が独立に 1 次元標準正規分布に従うので，$\check{\boldsymbol{\zeta}}$ も m 次元標準正規分布に従う．また，$\mathbf{U}_x$, $\check{\mathbf{D}}$ が正則なので，その積 $\mathbf{U}_x \check{\mathbf{D}}$ も正則である．そこで，

$$\mathbf{U}_x \check{\mathbf{D}} (\mathbf{U}_x \check{\mathbf{D}})^\mathsf{T} = \mathbf{U}_x \check{\mathbf{D}} \check{\mathbf{D}} \mathbf{U}_x^\mathsf{T} = \mathbf{U}_x \mathbf{D} \mathbf{D}^\mathsf{T} \mathbf{U}_x^\mathsf{T} = \mathbf{U}_x \mathbf{D} \mathbf{U}_z^\mathsf{T} \mathbf{U}_z \mathbf{D}^\mathsf{T} \mathbf{U}_x^\mathsf{T}$$
$$= \mathbf{T} \mathbf{T}^\mathsf{T} = \mathbf{P} \tag{A.19}$$

となることを考慮し，$\boldsymbol{\zeta}$ の確率密度関数

$$p(\check{\boldsymbol{\zeta}}) = \frac{1}{\sqrt{(2\pi)^m}} \exp\left[-\frac{1}{2}\check{\boldsymbol{\zeta}}^\mathsf{T}\check{\boldsymbol{\zeta}}\right] \tag{A.20}$$

を，式 (2.23) を得たときと同様に変数変換すると，式 (2.24) とまったく同じ式で確率密度関数が書ける．

A.3 罰則付き最小二乗法に関する補足

本節では，3.2 節で説明した罰則付き最小二乗法の罰則項に解を安定させる効果があることを確認する．まず，$\boldsymbol{x}$ についての観測データ $\boldsymbol{y}$ が，

$$\boldsymbol{y} = \mathbf{H}\boldsymbol{x} + \boldsymbol{w} \tag{A.21}$$

のように観測ノイズ $\boldsymbol{w}$ の重畳した形で得られたとする．このとき，式 (3.12) で示したように，罰則付き最小二乗法による $\boldsymbol{x}$ の推定値は，

$$\hat{\boldsymbol{x}} = \bar{\boldsymbol{x}}_b + (\mathbf{H}^\mathsf{T}\mathbf{H} + \xi^2\mathbf{I}_m)^{-1}\mathbf{H}^\mathsf{T}(\boldsymbol{y} - \mathbf{H}\bar{\boldsymbol{x}}_b) \tag{A.22}$$

となる．ここで行列 $\mathbf{H}$ を

$$\mathbf{H} = \mathbf{U}_y\mathbf{D}\mathbf{U}_x^\mathsf{T} \tag{A.23}$$

のように特異値分解する（A.1 節参照）．$\mathbf{U}_y$, $\mathbf{U}_x$ はそれぞれ n 次，m 次の直交行列であり，$\mathbf{D}$ は対角要素のみ 0 でない値を持つ $n \times m$ 行列である．$\mathbf{U}_y^\mathsf{T}\mathbf{U}_y = \mathbf{I}_n$, $\mathbf{U}_x^\mathsf{T}\mathbf{U}_x = \mathbf{U}_x\mathbf{U}_x^\mathsf{T} = \mathbf{I}_m$ が成り立つことに注意すると，式 (A.22) は以下のように変形できる：

$$\begin{aligned}
\hat{\boldsymbol{x}} &= \bar{\boldsymbol{x}}_b + (\mathbf{U}_x\mathbf{D}^\mathsf{T}\mathbf{U}_y^\mathsf{T}\mathbf{U}_y\mathbf{D}\mathbf{U}_x^\mathsf{T} + \xi^2\mathbf{I}_m)^{-1}\mathbf{U}_x\mathbf{D}^\mathsf{T}\mathbf{U}_y^\mathsf{T}(\boldsymbol{y} - \mathbf{H}\bar{\boldsymbol{x}}_b) \\
&= \bar{\boldsymbol{x}}_b + (\mathbf{U}_x\mathbf{D}^\mathsf{T}\mathbf{D}\mathbf{U}_x^\mathsf{T} + \xi^2\mathbf{U}_x\mathbf{U}_x^\mathsf{T})^{-1}\mathbf{U}_x\mathbf{D}^\mathsf{T}\mathbf{U}_y^\mathsf{T}(\boldsymbol{y} - \mathbf{H}\bar{\boldsymbol{x}}_b) \\
&= \bar{\boldsymbol{x}}_b + \left[\mathbf{U}_x(\mathbf{D}^\mathsf{T}\mathbf{D} + \xi^2\mathbf{I}_m)\mathbf{U}_x^\mathsf{T}\right]^{-1}\mathbf{U}_x\mathbf{D}^\mathsf{T}\mathbf{U}_y^\mathsf{T}(\boldsymbol{y} - \mathbf{H}\bar{\boldsymbol{x}}_b) \\
&= \bar{\boldsymbol{x}}_b + \mathbf{U}_x(\mathbf{D}^\mathsf{T}\mathbf{D} + \xi^2\mathbf{I}_m)^{-1}\mathbf{U}_x^\mathsf{T}\mathbf{U}_x\mathbf{D}^\mathsf{T}\mathbf{U}_y^\mathsf{T}(\boldsymbol{y} - \mathbf{H}\bar{\boldsymbol{x}}_b) \\
&= \bar{\boldsymbol{x}}_b + \mathbf{U}_x(\mathbf{D}^\mathsf{T}\mathbf{D} + \xi^2\mathbf{I}_m)^{-1}\mathbf{D}^\mathsf{T}\mathbf{U}_y^\mathsf{T}(\boldsymbol{y} - \mathbf{H}\bar{\boldsymbol{x}}_b).
\end{aligned} \tag{A.24}$$

なお，3行目から4行目の変形は，式 (2.5) から式 (2.6) を得た操作と同じである．式 (A.24) に式 (A.21), (A.23) を代入すると，

$$
\begin{aligned}
\hat{\boldsymbol{x}} &= \bar{\boldsymbol{x}}_b + \mathbf{U}_x(\mathbf{D}^{\mathsf{T}}\mathbf{D} + \xi^2\mathbf{I}_m)^{-1}\mathbf{D}^{\mathsf{T}}\mathbf{U}_y^{\mathsf{T}}(\mathbf{H}\boldsymbol{x} + \boldsymbol{w} - \mathbf{H}\bar{\boldsymbol{x}}_b) \\
&= \bar{\boldsymbol{x}}_b + \mathbf{U}_x(\mathbf{D}^{\mathsf{T}}\mathbf{D} + \xi^2\mathbf{I}_m)^{-1}\mathbf{D}^{\mathsf{T}}\mathbf{D}\mathbf{U}_x^{\mathsf{T}}(\boldsymbol{x} - \bar{\boldsymbol{x}}_b) \\
&\quad + \mathbf{U}_x(\mathbf{D}^{\mathsf{T}}\mathbf{D} + \xi^2\mathbf{I}_m)^{-1}\mathbf{D}^{\mathsf{T}}\mathbf{U}_y^{\mathsf{T}}\boldsymbol{w}
\end{aligned}
\tag{A.25}
$$

を得る．この式の右辺第 2 項は，本来知り得ない未知変数 $\boldsymbol{x}$ の情報が推定値 $\hat{\boldsymbol{x}}$ にどう反映されるかを表し，右辺第 3 項は推定値 $\hat{\boldsymbol{x}}$ に含まれる観測ノイズ $\boldsymbol{w}$ の寄与を表す．そこで，観測ノイズ $\boldsymbol{w}$ の寄与の項を

$$
\boldsymbol{\varepsilon} = \mathbf{U}_x(\mathbf{D}^{\mathsf{T}}\mathbf{D} + \xi^2\mathbf{I}_m)^{-1}\mathbf{D}^{\mathsf{T}}\mathbf{U}_y^{\mathsf{T}}\boldsymbol{w}
\tag{A.26}
$$

とおく．ここで，$\boldsymbol{w}$ が正規分布 $\mathcal{N}(\boldsymbol{0}, \sigma^2\mathbf{I}_n)$ に従うとする．

$$
\boldsymbol{w}' = \mathbf{U}_y^{\mathsf{T}}\boldsymbol{w}
\tag{A.27}
$$

とおくと，定理 2.1 から $\boldsymbol{w}'$ も正規分布 $\mathcal{N}(\boldsymbol{0}, \sigma^2\mathbf{I}_n)$ に従う確率変数である．$\boldsymbol{w}'$ を用いると式 (A.26) は，

$$
\boldsymbol{\varepsilon} = \mathbf{U}_x(\mathbf{D}^{\mathsf{T}}\mathbf{D} + \xi^2\mathbf{I}_m)^{-1}\mathbf{D}^{\mathsf{T}}\boldsymbol{w}'
\tag{A.28}
$$

となる．直交行列 $\mathbf{U}_x$ を列ベクトルで

$$
\mathbf{U}_x = \begin{pmatrix} \boldsymbol{u}_{x,1} & \boldsymbol{u}_{x,2} & \cdots & \boldsymbol{u}_{x,m} \end{pmatrix}
\tag{A.29}
$$

のように分解し，また，$\mathbf{D}, \boldsymbol{w}'$ を

$$
\mathbf{D} = \begin{pmatrix} d_1 & & & \mathbf{O} & \\ & \ddots & & & \mathbf{O}_{r \times (m-r)} \\ \mathbf{O} & & d_r & & \\ & \mathbf{O}_{(n-r) \times r} & & \mathbf{O}_{(n-r) \times (m-r)} & \end{pmatrix}, \quad \boldsymbol{w}' = \begin{pmatrix} w'_1 \\ \vdots \\ w'_n \end{pmatrix}
\tag{A.30}
$$

のように要素に分解して計算すると，

$$\boldsymbol{\varepsilon} = \sum_{i=1}^{r} \frac{d_i w_i'}{d_i^2 + \xi^2} \boldsymbol{u}_{x,i} \tag{A.31}$$

が得られる.推定値 $\hat{\boldsymbol{x}}$ へのノイズの寄与の大きさを $E\left[\|\boldsymbol{\varepsilon}\|^2\right]$ で評価すると,$\mathbf{U}_x$ が直交行列だったので,$\boldsymbol{u}_{x,i}^{\mathsf{T}} \boldsymbol{u}_{x,j}$ は $i \neq j$ で 0,$i = j$ で 1 となり,

$$E\left[\|\boldsymbol{\varepsilon}\|^2\right] = E\left[\boldsymbol{\varepsilon}^{\mathsf{T}} \boldsymbol{\varepsilon}\right] = \sum_{i=1}^{r} \frac{d_i^2 \sigma^2}{(d_i^2 + \xi^2)^2} \tag{A.32}$$

となる.

注意すべきことは,観測の条件によっては,$\mathbf{H}$ の特異値 $\{d_i\}$ に 0 に近い微小な値が含まれる場合があるということである.仮に $\mathbf{H}$ の最小特異値 d_r に対して ξ が非常に小さい $\xi \ll d_r$ の場合を考えると,

$$E\left[\|\boldsymbol{\varepsilon}\|^2\right] \simeq \sum_{i=1}^{r} \frac{d_i^2 \sigma^2}{(d_i^2)^2} = \sum_{i=1}^{r} \frac{\sigma^2}{d_i^2} \tag{A.33}$$

となり,d_r が微小なとき,$E\left[\|\boldsymbol{\varepsilon}\|^2\right]$ が非常に大きな値になってしまう.これは,ノイズの寄与 $\boldsymbol{\varepsilon}$ が推定値 $\hat{\boldsymbol{x}}$ に大きく影響する可能性があることを意味する.一方,$\xi \gg d_r$ の場合,式 (A.32) の右辺の最小特異値 d_r に関する項は

$$\frac{d_r^2 \sigma^2}{(d_r^2 + \xi^2)^2} \simeq 0 \tag{A.34}$$

となるので,$E\left[\|\boldsymbol{\varepsilon}\|^2\right]$ が極端に大きくなることはない.実際,関数 φ を

$$\varphi(x) = \frac{x}{x^2 + \xi^2} \tag{A.35}$$

と定義すると,式 (A.32) は

$$E\left[\|\boldsymbol{\varepsilon}\|^2\right] = \sum_{i=1}^{r} \sigma^2 \varphi(d_i)^2 \tag{A.36}$$

となる.φ の微分は $x = \xi$ で 0 になることから,φ は $x = \xi$ で極大値を

取り,

$$\varphi(x) \leq \varphi(\xi) = \frac{1}{2\xi} \tag{A.37}$$

が成り立つ. したがって,

$$E\left[\|\boldsymbol{\varepsilon}\|^2\right] \leq \frac{r\sigma^2}{4\xi^2} \tag{A.38}$$

がいえる. したがって, $|\xi|$ を大きくするほどノイズの寄与が抑えられることが分かる. もっとも, ξ を大きくしすぎると, 観測 $\boldsymbol{y}$ の情報が推定に反映されなくなる. $\xi \to \infty$ とすると, 行列 $(\mathbf{H}^\mathsf{T}\mathbf{H} + \xi^2\mathbf{I}_m)$ の逆行列 $(\mathbf{H}^\mathsf{T}\mathbf{H} + \xi^2\mathbf{I}_m)^{-1}$ は零行列に近づくので, 式 (A.22) より $\hat{\boldsymbol{x}} \to \bar{\boldsymbol{x}}_b$ となり, 事前の予想 $\bar{\boldsymbol{x}}_b$ がそのまま推定値 $\hat{\boldsymbol{x}}$ になる. したがって, 実際に罰則付き最小二乗法を使う際には, 予想されるノイズの大きさ σ^2 と予想される $\boldsymbol{x} - \bar{\boldsymbol{x}}_b$ の大きさに応じて, ξ の値を適切に調整する必要がある[1].

なお, 観測ノイズ $\boldsymbol{w}$ が小さいと見積もられる場合であっても, ξ の項には逆行列の計算を数値的に安定させる効果がある. 式 (A.24) の式変形の過程から

$$\mathbf{H}^\mathsf{T}\mathbf{H} + \xi^2\mathbf{I}_m = \mathbf{U}_x(\mathbf{D}^\mathsf{T}\mathbf{D} + \xi^2\mathbf{I}_m)^{-1}\mathbf{U}_x^\mathsf{T} \tag{A.39}$$

であり, この式の右辺は正定値対称行列 $\mathbf{H}^\mathsf{T}\mathbf{H} + \xi^2\mathbf{I}_m$ の固有値分解を与える. 正定値対称行列において, 最大固有値の最小固有値に対する比は**条件数**と呼ばれ, 条件数が計算機の二進数での有効桁数 ℓ に対して 2^ℓ 程度以上になると逆行列の計算が数値的に不安定になることが知られている[2][34]. 行列 $\mathbf{H}$ の階数 r が $\boldsymbol{x}$ の次元 m より小さい $(r < m)$ のとき, 行列 $\mathbf{H}$ の最大特異値を d_1 とすると, $\mathbf{H}^\mathsf{T}\mathbf{H} + \xi^2\mathbf{I}_m$ の条件数は $\left(d_1^2 + \xi^2\right)/\xi^2$ となるので, ξ^2 を $d_1^2/2^\ell$ よりも十分大きな値にすることで, 逆行列の計算を数値的にも安定させることができる.

---

[1] $\boldsymbol{x} - \bar{\boldsymbol{x}}_b$ の大きさに応じて調整したものが 3.3 節の式 (3.23) に対応している.

[2] 条件数は, 一般には正則行列 $\mathbf{A}$ とその逆行列 $\mathbf{A}^{-1}$ のノルムの積 $\|\mathbf{A}\| \cdot \|\mathbf{A}^{-1}\|$ で定義されるが, 正定値対称行列では最大固有値が 2 次ノルムになるので, 最大固有値と最小固有値の比を条件数と見なすことができる.

A.4 定理 5.1 の証明

以下では 5.6.1 項の定理 5.1 の証明を与える.

> **定理 5.1**
>
> 行列 $\mathbf{A}$, $\mathbf{B}$ が m 次の半正定値対称行列のとき,そのシューア積(アダマール積)$\mathbf{A} \circ \mathbf{B}$ も半正定値対称行列である.

証明 $\mathbf{A} \circ \mathbf{B}$ が対称行列なのは明らかなので,半正定値性を確認すればよい.すなわち,任意の m 次元ベクトル $\boldsymbol{z}$ に対して,$\boldsymbol{z}^\mathsf{T} (\mathbf{A} \circ \mathbf{B}) \boldsymbol{z} \geq 0$ がいえればよい.

行列 $\mathbf{A}$, $\mathbf{B}$ の固有値分解

$$\mathbf{A} = \mathbf{U}_A \boldsymbol{\Lambda}_A \mathbf{U}_A^\mathsf{T}, \qquad \mathbf{B} = \mathbf{U}_B \boldsymbol{\Lambda}_B \mathbf{U}_B^\mathsf{T} \tag{A.40}$$

を考え,行列 $\mathbf{U}_A$, $\boldsymbol{\Lambda}_A$, $\mathbf{U}_B$, $\boldsymbol{\Lambda}_B$ を

$$\mathbf{U}_A = \begin{pmatrix} \boldsymbol{u}_A^{(1)} & \cdots & \boldsymbol{u}_A^{(m)} \end{pmatrix}, \qquad \boldsymbol{\Lambda}_A = \begin{pmatrix} \lambda_A^{(1)} & & \mathbf{O} \\ & \ddots & \\ \mathbf{O} & & \lambda_A^{(m)} \end{pmatrix},$$

$$\mathbf{U}_B = \begin{pmatrix} \boldsymbol{u}_B^{(1)} & \cdots & \boldsymbol{u}_B^{(m)} \end{pmatrix}, \qquad \boldsymbol{\Lambda}_B = \begin{pmatrix} \lambda_B^{(1)} & & \mathbf{O} \\ & \ddots & \\ \mathbf{O} & & \lambda_B^{(m)} \end{pmatrix}$$

のように分解すると,$\mathbf{A}$, $\mathbf{B}$ は

$$\mathbf{A} = \sum_{i=1}^{m} \lambda_A^{(i)} \boldsymbol{u}_A^{(i)} \boldsymbol{u}_A^{(i)\mathsf{T}}, \qquad \mathbf{B} = \sum_{i=1}^{m} \lambda_B^{(i)} \boldsymbol{u}_B^{(i)} \boldsymbol{u}_B^{(i)\mathsf{T}} \tag{A.41}$$

と書ける.したがって,

$$\begin{aligned} \mathbf{A} \circ \mathbf{B} &= \sum_{i,j} \lambda_A^{(i)} \lambda_B^{(j)} \left(\boldsymbol{u}_A^{(i)} \boldsymbol{u}_A^{(i)\mathsf{T}} \right) \circ \left(\boldsymbol{u}_B^{(i)} \boldsymbol{u}_B^{(i)\mathsf{T}} \right) \\ &= \sum_{i,j} \lambda_A^{(i)} \lambda_B^{(j)} \left(\boldsymbol{u}_A^{(i)} \circ \boldsymbol{u}_B^{(i)} \right) \left(\boldsymbol{u}_A^{(i)} \circ \boldsymbol{u}_B^{(i)} \right)^\mathsf{T}. \end{aligned} \tag{A.42}$$

なお，式 (A.42) の 1 行目と 2 行目が等しいことは，要素ごとに計算すれば確認できる．$\mathbf{A}$, $\mathbf{B}$ が半正定値対称行列なので，すべての i に対して $\lambda_A^{(i)} \geq 0$, $\lambda_B^{(i)} \geq 0$ が成り立つ．また，任意の m 次元ベクトル $\boldsymbol{z}$ に対して

$$\boldsymbol{z}^\mathsf{T} \left(\boldsymbol{u}_A^{(i)} \circ \boldsymbol{u}_B^{(i)} \right) \left(\boldsymbol{u}_A^{(i)} \circ \boldsymbol{u}_B^{(i)} \right)^\mathsf{T} \boldsymbol{z} = \left[\boldsymbol{z}^\mathsf{T} \left(\boldsymbol{u}_A^{(i)} \circ \boldsymbol{u}_B^{(i)} \right) \right]^2 \geq 0 \qquad \text{(A.43)}$$

が成り立つので，$\boldsymbol{z}^\mathsf{T} (\mathbf{A} \circ \mathbf{B}) \boldsymbol{z} \geq 0$ も成り立つ． $\qquad\qquad \square$

A.5 与えられた $\bar{x}$, $\mathbf{P}$ に対するアンサンブル

以下では，6.1 節のように平均 $\bar{x}$ と分散共分散行列 $\mathbf{P}$ が与えられており，$\operatorname{rank} \mathbf{P} = N - 1$ のときに，式 (6.1)，つまり

$$\bar{x} = \frac{1}{N} \sum_{i=1}^N \boldsymbol{x}^{(i)}, \qquad \mathbf{P} = \frac{1}{N} \sum_{i=1}^N (\boldsymbol{x}^{(i)} - \bar{x})(\boldsymbol{x}^{(i)} - \bar{x})^\mathsf{T} \qquad \text{(A.44)}$$

を満たすように N 個のメンバーからなるアンサンブル $\{\boldsymbol{x}^{(i)}\}_{i=1}^N$ を構成できることを示す．

式 (A.44) を満たすアンサンブルは，無数に存在するが，以下では構成方法の一例を以下に示す．まず，$\mathbf{P}$ を

$$\mathbf{P} = \begin{pmatrix} \boldsymbol{u}^{(1)} & \cdots & \boldsymbol{u}^{(N-1)} \end{pmatrix} \begin{pmatrix} \gamma^{(1)} & & \mathbf{O} \\ & \ddots & \\ \mathbf{O} & & \gamma^{(N-1)} \end{pmatrix} \begin{pmatrix} \boldsymbol{u}^{(1)\,\mathsf{T}} \\ \vdots \\ \boldsymbol{u}^{(N-1)\,\mathsf{T}} \end{pmatrix}$$

$$= \sum_{i=1}^{N-1} \gamma^{(i)} \boldsymbol{u}^{(i)} \boldsymbol{u}^{(i)\,\mathsf{T}} \qquad \text{(A.45)}$$

のように固有値分解する．$\mathbf{P}$ は半正定値行列なので，$i = 1, \ldots, N-1$ に対して $\gamma^{(i)} > 0$ であることに注意し，

$$\bar{\boldsymbol{\mu}} = \frac{1}{N-1} \sum_{i=1}^{N-1} \sqrt{\gamma^{(i)}} \boldsymbol{u}^{(i)} \qquad \text{(A.46)}$$

として，

$$\boldsymbol{x}^{(i)} = \bar{\boldsymbol{x}} + \sqrt{\gamma^{(i)}}\boldsymbol{u}^{(i)} - \frac{\sqrt{N}+1}{\sqrt{N}}\bar{\boldsymbol{\mu}}, \quad (i = 1, \dots, N-1) \tag{A.47a}$$

$$\boldsymbol{x}^{(N)} = \bar{\boldsymbol{x}} + \frac{N-1}{\sqrt{N}}\bar{\boldsymbol{\mu}} \tag{A.47b}$$

とおく. すると,

$$\frac{1}{N}\sum_{i=1}^{N}\boldsymbol{x}^{(i)} = \bar{\boldsymbol{x}} + \frac{1}{N}\left[\sum_{i=1}^{N-1}\left(\sqrt{\gamma^{(i)}}\boldsymbol{u}^{(i)} - \frac{\sqrt{N}+1}{\sqrt{N}}\bar{\boldsymbol{\mu}}\right) + \frac{N-1}{\sqrt{N}}\bar{\boldsymbol{\mu}}\right]$$

$$= \bar{\boldsymbol{x}} + \frac{1}{N}\sum_{i=1}^{N-1}\sqrt{\gamma^{(i)}}\boldsymbol{u}^{(i)} - \frac{(N-1)}{N}\bar{\boldsymbol{\mu}} = \bar{\boldsymbol{x}}, \tag{A.48}$$

$$\frac{1}{N}\sum_{i=1}^{N}(\boldsymbol{x}^{(i)} - \bar{\boldsymbol{x}})(\boldsymbol{x}^{(i)} - \bar{\boldsymbol{x}})^{\mathsf{T}}$$

$$= \frac{1}{N}\sum_{i=1}^{N-1}\left(\sqrt{\gamma^{(i)}}\boldsymbol{u}^{(i)} - \frac{\sqrt{N}+1}{\sqrt{N}}\bar{\boldsymbol{\mu}}\right)\left(\sqrt{\gamma^{(i)}}\boldsymbol{u}^{(i)} - \frac{\sqrt{N}+1}{\sqrt{N}}\bar{\boldsymbol{\mu}}\right)^{\mathsf{T}}$$

$$\quad + \frac{(N-1)^2}{N^2}\bar{\boldsymbol{\mu}}\bar{\boldsymbol{\mu}}^{\mathsf{T}}$$

$$= \frac{1}{N}\sum_{i=1}^{N-1}\gamma^{(i)}\boldsymbol{u}^{(i)}\boldsymbol{u}^{(i)\mathsf{T}} + (N-1)\left(\frac{(\sqrt{N}+1)^2}{N} - \frac{2(\sqrt{N}+1)}{\sqrt{N}}\right)\bar{\boldsymbol{\mu}}\bar{\boldsymbol{\mu}}^{\mathsf{T}}$$

$$\quad + \frac{(N-1)^2}{N}\bar{\boldsymbol{\mu}}\bar{\boldsymbol{\mu}}^{\mathsf{T}}$$

$$= \sum_{i=1}^{N-1}\gamma^{(i)}\boldsymbol{u}^{(i)}\boldsymbol{u}^{(i)\mathsf{T}} \tag{A.49}$$

より, 式 (A.47) で得られる $\{\boldsymbol{x}^{(i)}\}_{i=1}^{N}$ が式 (A.44) を満たすことが分かる.

A.6　ベクトル値関数の内積および二次形式の勾配

ここでは, 第 7 章のアジョイント法の導出に必要となるベクトル値関数の内積および二次形式の勾配について確認しておく.

A.6.1　ベクトル $\boldsymbol{a}$ とベクトル値関数 $\boldsymbol{g}(\boldsymbol{x})$ の内積

$\boldsymbol{a}$ を n 次元ベクトル, $\boldsymbol{x}$ を m 次元ベクトル, $\boldsymbol{g}(\boldsymbol{x})$ を n 次元ベクトル

値関数とする.

$$\psi_1 = \boldsymbol{a}^\top \boldsymbol{g}(\boldsymbol{x}) = \sum_{i=1}^{m} a_i g_i(\boldsymbol{x}) \tag{A.50}$$

の $\boldsymbol{x}$ に関する勾配は

$$\nabla_{\boldsymbol{x}} \psi_1 = \sum_{i=1}^{m} a_i \begin{pmatrix} \frac{\partial g_i}{\partial x_1}(\boldsymbol{x}) \\ \vdots \\ \frac{\partial g_i}{\partial x_m}(\boldsymbol{x}) \end{pmatrix} = \tilde{\mathbf{G}}_{\boldsymbol{x}}^\top \boldsymbol{a} \tag{A.51}$$

となる. ただし, $\tilde{\mathbf{G}}_{\boldsymbol{x}}$ は関数 $\boldsymbol{g}$ の $\boldsymbol{x}$ に関するヤコビ行列である.

A.6.2 二次形式

次に, m 次の対称行列 $\mathbf{A}$ を考え, 二次形式

$$\psi_2 = \boldsymbol{g}(\boldsymbol{x})^\top \mathbf{A} \boldsymbol{g}(\boldsymbol{x}) = \sum_{i,j} A_{ij} \, g_i(\boldsymbol{x}) \, g_j(\boldsymbol{x}) \tag{A.52}$$

の勾配

$$\nabla_{\boldsymbol{x}} \psi_2 = \begin{pmatrix} \frac{\partial \psi_2}{\partial x_1} \\ \vdots \\ \frac{\partial \psi_2}{\partial x_m} \end{pmatrix} \tag{A.53}$$

を考える. l 番目の要素のみ考えると $\mathbf{A}$ は対称行列 $(A_{ij} = A_{ji})$ なので,

$$\frac{\partial \psi_2}{\partial x_l} = 2 \sum_{i,j} A_{ij} g_i(\boldsymbol{x}) \frac{\partial g_j}{\partial x_l}$$

となるので, $l = 1, \ldots, m$ をまとめると

$$\nabla_{\boldsymbol{x}} \psi_2 = 2 \tilde{\mathbf{G}}_{\boldsymbol{x}}^\top \mathbf{A} \boldsymbol{g}(\boldsymbol{x}).$$

ただし, $\tilde{\mathbf{G}}_{\boldsymbol{x}}$ は関数 $\boldsymbol{g}(\boldsymbol{x})$ のヤコビ行列

$$\tilde{\mathbf{G}}_x = \frac{\partial \boldsymbol{g}}{\partial \boldsymbol{x}^\mathsf{T}} = \begin{pmatrix} \frac{\partial g_1}{\partial x_1} & \cdots & \frac{\partial g_1}{\partial x_m} \\ \vdots & \ddots & \vdots \\ \frac{\partial g_n}{\partial x_1} & \cdots & \frac{\partial g_n}{\partial x_m} \end{pmatrix}.$$

A.6.3 ベクトル値合成関数のヤコビ行列

次に $\boldsymbol{h}_k \circ \boldsymbol{f}_k \circ \boldsymbol{f}_{k-1} \cdots \circ \boldsymbol{f}_1$ のヤコビ行列を求める（ここで ○ は合成関数を表す）．基本的には，連鎖率

$$\frac{d}{dx}(f(g(x)) = \frac{df}{dg}\frac{dg}{dx}$$

を用いればよいが，ベクトル値関数なので，まずは $\boldsymbol{h}_k \circ \boldsymbol{f}_k(\boldsymbol{x}_{k-1})$ のヤコビ行列を計算してみる．

$$\boldsymbol{h}_k(\boldsymbol{x}_k) = \boldsymbol{h}_k(\boldsymbol{f}_k(\boldsymbol{x}_{k-1}))$$

とおくと，

$$\frac{\partial \boldsymbol{h}_k}{\partial x_{k-1,i}} = \sum_j \frac{\partial \boldsymbol{h}_k}{\partial x_{k,j}}\frac{\partial f_{k,j}}{\partial x_{k-1,i}}$$

なので，$\boldsymbol{h}_k \circ \boldsymbol{f}_k$ のヤコビ行列は，

$$\begin{aligned}
\frac{\partial(\boldsymbol{h}_k \circ \boldsymbol{f}_k)}{\partial \boldsymbol{x}_{k-1}^\mathsf{T}} &= \begin{pmatrix} \frac{\partial h_{k,1}}{\partial x_{k-1,1}} & \cdots & \frac{\partial h_{k,1}}{\partial x_{k-1,m}} \\ \vdots & \ddots & \vdots \\ \frac{\partial h_{k,n}}{\partial x_{k-1,1}} & \cdots & \frac{\partial h_{k,n}}{\partial x_{k-1,m}} \end{pmatrix} \\
&= \begin{pmatrix} \frac{\partial h_{k,1}}{\partial x_{k,1}} & \cdots & \frac{\partial h_{k,1}}{\partial x_{k,m}} \\ \vdots & \ddots & \vdots \\ \frac{\partial h_{k,n}}{\partial x_{k,1}} & \cdots & \frac{\partial h_{k,n}}{\partial x_{k,m}} \end{pmatrix}\begin{pmatrix} \frac{\partial f_{k,1}}{\partial x_{k-1,1}} & \cdots & \frac{\partial f_{k,1}}{\partial x_{k-1,m}} \\ \vdots & \ddots & \vdots \\ \frac{\partial f_{k,m}}{\partial x_{k-1,1}} & \cdots & \frac{\partial f_{k,m}}{\partial x_{k-1,m}} \end{pmatrix} \\
&= \mathbf{H}_k\mathbf{F}_k
\end{aligned}$$

のように書ける．ただし，$\mathbf{H}_k$, $\mathbf{F}_k$ はそれぞれ関数 $\boldsymbol{h}_k(\cdot)$, $\boldsymbol{f}_k(\cdot)$ のヤコビ行列である．

A.7 定理 7.1 の証明

以下では 7.2 節で用いた定理 7.1 の証明を与える.

定理 7.1

s, t をそれぞれ m 次元, p 次元の実ベクトルとする. また, s と t が満たすべき拘束条件が p 次元のベクトル値関数 g で

$$g(s, t) = 0 \tag{A.54}$$

のように与えられており, g の t に関するヤコビ行列 $\tilde{G}_t = (\partial g/\partial t^\mathsf{T})$ が正則であるものとする. $\psi(s, t)$ を実数値のスカラー関数, λ を p 次元の実ベクトルとして,

$$L = \psi(s, t) + \lambda^\mathsf{T} g(s, t) \tag{A.55}$$

のような関数 L を導入したとき, $\nabla_t L = 0$ が満たされるように λ を決めれば, 式 (A.54) の拘束条件の下での $\psi(s, t)$ の s による勾配は $\nabla_s L$ で得られる.

証明 関数 $\psi(s, t)$ の s, t による偏微分を

$$\nabla_s \psi = \frac{\partial \psi}{\partial s}, \qquad \nabla_t \psi = \frac{\partial \psi}{\partial t}, \tag{A.56}$$

関数 $g(s, t)$ の s, t による偏微分で得られるヤコビ行列を

$$\tilde{G}_s = \frac{\partial g}{\partial s^\mathsf{T}}, \qquad \tilde{G}_t = \frac{\partial g}{\partial t^\mathsf{T}} \tag{A.57}$$

と書くことにする. 陰関数定理[3]により, $g(s_0, t_0) = 0$ かつ $\tilde{G}_t$ が正則のとき, $s = s_0$, $t = t_0$ の近傍で以下を満たす p 次元ベクトル値関数 u が存在することがいえる:

$$g(s, u(s)) = 0, \qquad \frac{du}{ds^\mathsf{T}} = -\tilde{G}_t^{-1} \tilde{G}_s. \tag{A.58}$$

---

[3]陰関数定理は, 一般的な微分積分学の教科書で説明されているので, 適宜参照してほしい.

$t = u(s)$ が成り立てば，$s = s_0$, $t = t_0$ の近傍で $g(s, t) = 0$ が成り立つので，

$$\Psi(s) = \psi\left(s, u(s)\right) \tag{A.59}$$

とおくと，Ψ の微分 $\nabla_s \Psi$ が，$g(s, t) = 0$ の制約の下での ψ の微分となる．計算すると，

$$\nabla_s \Psi = \nabla_s \psi + \left(\frac{du}{ds^\mathsf{T}}\right)^\mathsf{T} \nabla_t \psi = \nabla_s \psi - \left(\tilde{\mathbf{G}}_t^{-1} \tilde{\mathbf{G}}_s\right)^\mathsf{T} \nabla_t \psi. \tag{A.60}$$

一方，$L(s, t) = \psi(s, t) + \boldsymbol{\lambda}^\mathsf{T} g(s, t)$ を s, t について，付録 A.6.1 の結果を利用してそれぞれ偏微分を取ると，

$$\nabla_s L = \nabla_s \psi + \tilde{\mathbf{G}}_s^\mathsf{T} \boldsymbol{\lambda}, \tag{A.61}$$

$$\nabla_t L = \nabla_t \psi + \tilde{\mathbf{G}}_t^\mathsf{T} \boldsymbol{\lambda}. \tag{A.62}$$

$\nabla_t L = \mathbf{0}$ とすると，

$$\boldsymbol{\lambda} = -\left(\tilde{\mathbf{G}}_t^\mathsf{T}\right)^{-1} \nabla_t \psi \tag{A.63}$$

が成り立つ．これを式 (A.61) に代入すると，

$$\nabla_s L = \nabla_s \psi - \tilde{\mathbf{G}}_s^\mathsf{T} \left(\tilde{\mathbf{G}}_t^\mathsf{T}\right)^{-1} \nabla_t \psi = \nabla_s \psi - \left(\tilde{\mathbf{G}}_t^{-1} \tilde{\mathbf{G}}_s\right)^\mathsf{T} \nabla_t \psi \tag{A.64}$$

となり，式 (A.60) の $\nabla_s \Psi$ と一致する．したがって，$\nabla_t L = \mathbf{0}$ のとき，$\nabla_s L$ が $g(s, t) = \mathbf{0}$ の制約の下での ψ の微分となる．　　□

なお，$\nabla_s L = \mathbf{0}$ も成り立てば，$g(s, t) = \mathbf{0}$ の制約の下での ψ の極値を与える s が得られる．このことを用いて，制約条件の下での極値問題を解く方法はラグランジュ未定乗数法として知られている．

参考文献

[1] J. L. Anderson. An adaptive covariance inflation error correction algorithm for ensemble filters. *Tellus*, 59A:210–224, 2007.

[2] J. L. Anderson and S. L. Anderson. A Monte Carlo implementation of the nonlinear filtering problem to produce ensemble assimilations and forecasts. *Mon. Wea. Rev.*, 127:2741–2758, 1999.

[3] M. Asch, M. Bocquet, and M. Nodet. *Data assimilation——Methods, algorithms, and applications.* Society for Industrial and Applied Mathematics, Philadelphia, 2016.

[4] C. H. Bishop, B. J. Etherton, and S. J. Majumdar. Adaptive sampling with the ensemble transform Kalman filter. Part I: Theoretical aspects. *Mon. Wea. Rev.*, 129:420–436, 2001.

[5] M. Bocquet and P. Sakov. Joint state and parameter estimation with iterative ensemble Kalman smoother. *Nonlin. Processes Geophys.*, 20:803–818, 2013.

[6] G. Burgers, P. J. van Leeuwen, and G. Evensen. Analysis scheme in the ensemble Kalman filter. *Mon. Wea. Rev.*, 126:1719, 1998.

[7] G. Evensen. Sequential data assimilation with a nonlinear quasi-geostrophic model using Monte Carlo methods to forecast error statistics. *J. Geophys. Res.*, 99(C5):10143–10162, 1994.

[8] G. Evensen. Analysis of iterative ensemble smoothers for solving inverse problems. *Computat. Geosci.*, 22:885–908, 2018.

[9] G. Evensen and P. J. van Leeuwen. An ensemble Kalman smoother for nonlinear dynamics. *Mon. Wea. Rev.*, 128:1852–1867, 2000.

[10] R. Furrer and T. Bengtsson. Estimation of high-dimensional prior and posterior covariance matrices in Kalman filter variants. *J. Multivar. Anal.*, 98:227–225, 2007.

[11] P. L. Houtekamer and H. L. Mitchell. A sequential ensemble Kalman filter for atmospheric data assimilation. *Mon. Wea. Rev.*, 129:123–137, 2001.

参考文献 *159*

[12] B. R. Hunt, E. J. Kostelich, and I. Szunyogh. Efficient data assimilation for spatiotemporal chaos: A local ensemble transform Kalman filter. *Physica D*, 230:112–126, 2007.

[13] C. Liu, Q. Xiao, and B. Wang. An ensemble-based four-dimensional variational data assimilation scheme. Part I: Technical formulation and preliminary test. *Mon. Wea. Rev.*, 136:3363–3373, 2008.

[14] C. Liu, Q. Xiao, and B. Wang. An ensemble-based four-dimensional variational data assimilation scheme. Part II: Observing system simulation experiments with Advanced Research WRF (ARW). *Mon. Wea. Rev.*, 136:3363–3373, 2008.

[15] D. M. Livings, S. L. Dance, and N. K. Nichols. Unbiased ensemble square root filters. *Physica D*, 237:1021–1028, 2008.

[16] S. Nakano. A prediction algorithm with a limited number of particles for state estimation of high-dimensional systems. In *Proceedings of 16th International Conference on Information Fusion*, pages 1356–1363, 2013.

[17] S. Nakano. Behavior of the iterative ensemble-based variational method in nonlinear problems. *Nonlin. Processes Geophys.*, 28:93–109, 2021.

[18] E. Ott, B. R. Hunt, I. Szunyogh, A. V. Zimin, E. J. Kostelich, M. Corazza, E. Kalnay, D. J. Patil, and J. A. Yorke. A local ensemble Kalman filter for atmospheric data assimilation. *Tellus*, 56A:415, 2004.

[19] P. N. Raanes, A. Carrassi, and L. Bertino. Extending the square root method to account for additive forecast noise in ensemble methods. *Mon. Wea. Rev.*, 143:3857–3873, 2015.

[20] S. Reich and C. Cotter. *Probabilistic forecasting and Bayesian data assimilation*. Cambridge University Press, Cambridge, 2015.

[21] M. K. Tippett, J. L. Anderson, C. H. Bishop, T. M. Hamill, and J. S. Whitaker. Ensemble square root filters. *Mon. Wea. Rev.*, 131:1485–1490, 2003.

[22] X. Wang, C. H. Bishop, and S. J. Julier. Which is better, an ensemble of positive-negative pairs or a centered spherical simplex ensemble? *Mon. Wea. Rev.*, 132:1590–1605, 2004.

[23] S. Yokota, M. Kunii, K. Aonashi, and S. Origuchi. Comparison between four-dimensional LETKF and ensemble-based variational data

assimilation with observation localization. *SOLA*, 12:80-85, 2016.

[24] F. Zhang, C. Snyder, and Sun. J. Impacts of initial estimate and observation availability on convective-scale data assimilation with an ensemble Kalman filter. *Mon. Wea. Rev.*, 132:1238-1253, 2004.

[25] 伊理正夫・藤野和建. **数値計算の常識**. 共立出版, 東京, 1985.

[26] 北川源四郎. **R による時系列モデリング入門**. 岩波書店, 東京, 2020.

[27] 大林茂・三坂孝志・加藤博司・菊地亮太. **データ同化流体科学──流動現象のデジタルツイン**. 共立出版, 東京, 2021.

[28] 金森敬文・鈴木大慈・竹内一郎・佐藤一誠. **機械学習のための連続最適化**. 講談社, 東京, 2016.

[29] 樋口知之・上野玄太・中野慎也・中村和幸・吉田亮. **データ同化入門**. 朝倉書店, 東京, 2011.

[30] 淡路敏之・蒲地政文・池田元美・石川洋一. **データ同化──観測・実験とモデルを融合するイノベーション**. 京都大学学術出版会, 京都, 2009.

[31] 藤井孝藏. **流体力学の数値計算法**. 東京大学出版会, 東京, 1994.

[32] 野村俊一. **カルマンフィルタ──R を使った時系列予測と状態空間モデル**. 共立出版, 東京, 2016.

[33] 高橋大輔. **数値計算** (理工系の基礎数学新装版). 岩波書店, 東京, 2022.

[34] 齊藤宣一. **数値解析**. 共立出版, 東京, 2017.

索　引

【英数字】

4 次元アンサンブル変分法, 138
4 次元変分法, 8, 118
B 局所化, 84
R 局所化, 84

【ア行】

アジョイント法, 121, 125
アジョイントモデル, 125
アダマール積, 84, 85, 151
アフィン変換, 14
アンサンブル, 63, 97
アンサンブルカルマンスムーザ, 79
アンサンブルカルマンフィルタ, 68, 72, 77
アンサンブル空間, 98, 138
アンサンブル平方根フィルタ, 105
アンサンブル変換カルマンフィルタ, 105, 111
アンサンブルメンバー, 63
一期先予測, 41, 64
一期先予測分布, 40
ウッドベリーの公式, 30

【カ行】

ガウス過程回帰, 34
拡張カルマンフィルタ, 56, 57
ガスパリ・コーン関数, 85
カルマンゲイン, 45
カルマンフィルタ, 43, 45
観測行列, 5
観測ノイズ, 5, 39
観測ベクトル, 5
観測モデル, 5

逆行列補題, 30
強拘束, 4, 121
共分散局所化, 84
共分散膨張, 114
局所アンサンブル変換カルマンフィルタ, 116, 117
局所化, 84
局所解析, 84
クリギング, 34
誤差逆伝播法, 126

【サ行】

最急降下法, 124, 131
最小二乗法, 21
最適内挿法, 34
事後分布, 25
システムノイズ, 4, 39
システムモデル, 4
事前分布, 25
弱拘束, 4, 121, 126
シューア積, 84, 85, 151
周辺尤度, 52
条件数, 150
条件付き独立, 41
状態空間モデル, 6, 39, 63
状態ベクトル, 1
状態変数, 1
乗法的共分散膨張, 114
スムーザ, 78
正規分布, 13, 14
正則化, 24
接線型モデル, 125
摂動観測法, 68, 72, 77

【タ行】

多次元正規分布, 14
逐次データ同化, 8, 39
逐次ベイズ推定, 42
同化窓, 132
特異値分解, 143

【ハ行】

罰則付き最小二乗法, 22, 147
非線型状態空間モデル, 6, 63
標準正規分布, 13
フィルタアンサンブル, 68, 107
フィルタ分布, 41, 67, 106
フィルタリング, 41
双子実験, 91
分散共分散行列, 10
平滑化, 78
平均, 10

ベイズの定理, 24
変数変換, 12
ホイン法, 46

【マ行】

モンテカルロ近似, 62

【ヤ行】

尤度, 25
予測アンサンブル, 64
予測分布, 40, 64, 98

【ラ行】

ラックス・ウェンドロフ法, 90
粒子, 63
領域局所化, 84

〈著者紹介〉

中野慎也（なかの しんや）
2004 年　京都大学大学院理学研究科博士課程 修了
現　　在　統計数理研究所 教授
　　　　　博士（理学）
専　　門　地球物理学，データ同化
主　　著　『データ同化入門』（共著，朝倉書店，2011 年）

統計学 One Point 26	著　者	中野慎也　　ⓒ 2024
データ同化	発行者	南條光章
Data Assimilation	発行所	共立出版株式会社
2024 年 9 月 15 日　初版 1 刷発行		〒112-0006 東京都文京区小日向 4-6-19 電話番号　03-3947-2511（代表） 振替口座　00110-2-57035 www.kyoritsu-pub.co.jp
	印　刷	大日本法令印刷
	製　本	協栄製本
検印廃止 NDC 417.7 ISBN 978-4-320-11277-3		一般社団法人 自然科学書協会 会員 Printed in Japan

---

JCOPY ＜出版者著作権管理機構委託出版物＞
本書の無断複製は著作権法上での例外を除き禁じられています．複製される場合は，そのつど事前に，出版者著作権管理機構（ＴＥＬ：03-5244-5088，ＦＡＸ：03-5244-5089，e-mail：info@jcopy.or.jp）の許諾を得てください．

公式と例題で学ぶ 統計学入門

久保川達也 著
A5判・定価2860円(税込) ISBN978-4-320-11565-1

＜統計検定2級相当の入門書＞

「公式」と「例題」を通して、統計学の基本的な考え方やデータ解析の方法を一通り学べる。

〈久保川先生著書 好評発売中〉

※「統計検定」は、(財)統計質保証推進協会の登録商標です。

・**現代数理統計学の基礎**（共立講座 数学の魅力 ⑪）

数理統計学の基礎から現代的な内容まで盛り込む。統計検定1級対策に最適。

定価3520円(税込)

・**データ解析のための数理統計入門**

基礎から統計分析の幅広い手法までわかりやすく解説。統計検定準1級対策に最適。

定価3190円(税込)

クロスセクショナル統計シリーズ ⑩

データ同化流体科学
―流動現象のデジタルツイン―

大林 茂・三坂孝志・加藤博司・菊地亮太 著
A5判・定価3630円(税込) ISBN978-4-320-11126-4

> 計測データに基づき計算機援用工学シミュレーションの精度を向上させるデータ同化を基礎から実装、そして応用までをバランス良く学ぶための教科書。

使用したデータ同化コードはWebサイトから入手でき、本文と合わせての利用で理解が深まる。

目次

第I部 基礎編　流体工学とデータ同化／データ同化理論の導入／数値流体力学の導入／流体現象の逐次型データ同化／流体現象の変分型データ同化／データ同化の高速化

第II部 応用編　計測システムの改善／乱流モデルの高度化／航空気象への応用

---

www.kyoritsu-pub.co.jp　　**共立出版**　　（価格は変更される場合がございます）